农业生态实用技术丛书

温室有机蔬菜
害虫防治技术

WENSHI YOUJI SHUCAI HAICHONG FANGZHI JISHU

农业农村部农业生态与资源保护总站　组编
李　姝　王　甦　张　帆　主编

中国农业出版社
北　京

农业生态实用技术丛书
编 委 会

本书编写人员

主　　编　李　姝　王　甦　张　帆

参编人员　肖　达　郭晓军　徐庆宣

邸　宁　黄宁兴　王　杰

杜晓艳　田仁斌　陈　旭

何志亚　冯　冰　张晓鸣

序

中共十八大站在历史和全局的战略高度，把生态文明建设纳入中国特色社会主义事业“五位一体”总体布局，提出了创新、协调、绿色、开放、共享的发展理念。习近平总书记指出：“走向生态文明新时代，建设美丽中国，是实现中华民族伟大复兴的中国梦的重要内容。”中共中央、国务院印发的《关于加快推进生态文明建设的意见》和《生态文明体制改革总体方案》，明确提出了要协同推进农业现代化和绿色化。建设生态文明，走绿色发展之路，已经成为现代农业发展的必由之路。

推进农业生态文明建设，是贯彻落实习近平总书记生态文明思想的必然要求。农作物就是绿色生命，农业本身具有“绿色”属性，农业生产过程就是依靠绿色植物的光合固碳功能，把太阳能转化为生物能的绿色过程，现代化的农业必然是生态和谐、资源可持续、环境友好的农业。发展生态农业可以实现粮食安全、资源高效、环境保护协同的可持续发展目标，有效减少温室气体排放，增加碳汇，为美丽中国提供“生态屏障”，为子孙后代留下“绿水青山”。同时，农业生态文明建设也可推进多功能农业的发展，为城市居民提供观光、休闲、体验场所，促进全社会共享农业绿色发展成果。

农业生态文明思想起源于古老的中国，中国自春秋时期就懂得用地养地的道理以及物理杀虫、人工除草等做法。农牧结合、稻田养鱼、桑基鱼塘等农业生态模式在历史上曾经极大推动了文明和经济的发展。当前，我国农业生态文明建设已进入提供更多优质生态产品以满足人民日益增长的优美生态环境需求的攻坚期，也到了有条件、有能力发展环境友好农业的窗口期。多年来，从事农业生态研究的学者和实践者扎根农业生产一线，按“整体、协调、循环、再生”的原则，围绕农业生态文明建设开展了广泛、系统的实践和研究，探索总结出了丰富多样的应用技术。

为推广农业生态技术，推动形成可持续的农业绿色发展模式，从2016年开始，农业农村部农业生态与资源保护总站联合中国农业出版社，组织数十位业内权威专家，从资源节约、污染防治、废弃物循环利用、生态种养、生态景观构建等方面，多角度、多要素、多层次对农业生态实用技术开展梳理、总结和归纳，系统构建了农业生态知识体系，编写形成了《农业生态实用技术丛书》。丛书中的技术实用、文字简洁、步骤详尽、脉络清晰，技术可推广、模式可复制、经验可借鉴，具有很强的指导性和适用性，将为广大农民朋友、农业技术推广人员、管理人员、科研人员开展农业生态文明建设和研究提供很好的参考。

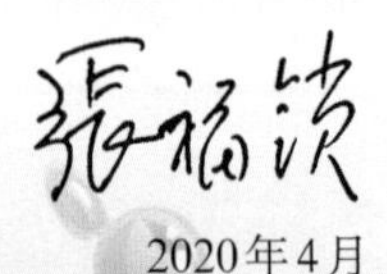

2020年4月

前言

温室栽培方式为人类带来了更为丰富的蔬菜产品，同时其特殊的环境也加重了害虫的发生与为害，长期的化学防治已引起了害虫产生抗药性、农药残留超标等问题。发展温室蔬菜是现代农业“高精尖”技术创新的集中体现，也是落实农业科技供给侧结构性改革和促进农业提质增效的重要实现途径。

结合国家农业发展战略布局与要求，大力倡导发展绿色生态农业，基于环境友好型植物保护技术是食品安全和品质的有力保障，有机蔬菜生产成为农业生态发展中的大势所趋。温室蔬菜是现代农业生产中极为重要的组成部分，其生产环境相对封闭，环境温暖湿润、作物种植密度高，植食性害虫极易滋生暴发。而温室有机蔬菜生产要求全程禁止使用各类化学投入品，这就需要从温室农业生态系统出发，综合多种非化学防治手段控制病虫害发生，才能保证温室有机蔬菜的品质和产量，进而提高生态安全水平。同时减少了化学投入品的使用，具有显著的经济效益、社会效益和环境效益。

本书以图文并茂的方式，从温室有机蔬菜（番茄、黄瓜、辣椒、茄子等）生产中常见害虫识别、诊断策略、防治措施（物理防治、生物防治、生态防治）等方面，提供有机蔬菜害虫防治技术指导。由于篇幅所限，本书中只展示了常见并容易识别的害虫。相信只要通过多种管理方式，可以实现温室有机蔬菜安全生产。

本书的出版得到了北京市科学技术委员会、北京市科学技术协会的支持。此外，本书参考了现行的国家指导性蔬菜生产技术规范、农业农村部推荐性生产技术规程以及一些地方的蔬菜生产技术规程，还有其他蔬菜害虫防治的相关书籍，在此一并致谢。

由于我们水平有限，难免有疏漏和不当之处，恳请同行批评指正。

编　者

2019年6月

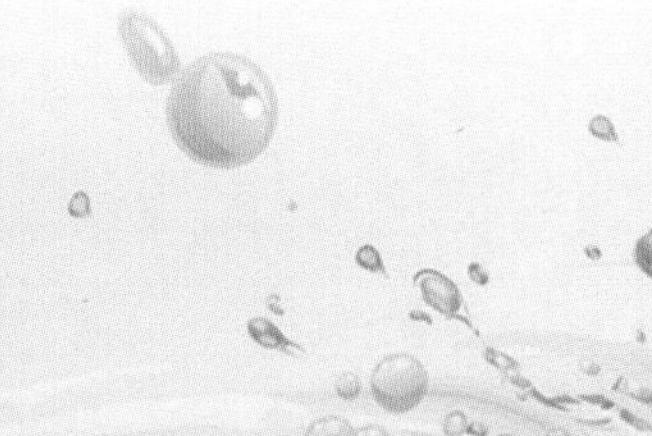

目录

一、温室有机农业概述及现状

近年来，伴随着现代农业科学技术的发展，温室蔬菜生产成为我国现代农业中极为重要的组成部分，不仅蔬菜的品种和产量快速增长，也为有机蔬菜的发展创造了有利条件。然而常规农业生产中大量使用化肥、农药等农用化学品，使环境和食品受到不同程度的污染，自然生态系统遭到破坏，土地生产能力持续下降，所引发的“食品安全”和“生态安全”问题日益突出，因此基于环境友好型植物保护技术的温室有机蔬菜生产成为农业生态发展中的大势所趋。

（一）有机农业概述

1.有机农业的概念及特点

有机农业标准中对有机农业的定义：在作物种植、禽畜养殖与农产品加工过程中，不使用人工合成的农药、化肥、生长调节剂、饲料添加剂等化学物质及基因工程生物及其产物，而是遵循自然规律和生态学原理，协调种植业和养殖业的平衡，采取系列可持续发展的农业技术，维持持续稳定的农业生产过程。

简单来说，就是不使用化学物质的农业。这样的文字描述虽然简练明确，但却忽视了有机农业的精华。有机农业的核心是强调以生物学和生态学为理论基础并拒绝使用农用化学品的农业生产模式。

有机农业的特点可归纳为以下三点：①建立一种种养结合、循环再生的农业生产体系；②把系统内土壤、植物、动物和人类看作相互关联的有机整体，应得到同等尊重；③采用土地“生态环境”可以承受的方法进行耕作。

而温室有机农业，是指在温室条件下，按照有机农业生产标准，在生产中不采用基因工程生物及其产物，不使用化学合成的农药、化肥、生长调节剂、饲料添加剂等物质，遵循自然规律和生态学原理，采用一系列可持续发展的农业技术以维持持续稳定的农业生产体系的一种农业生产方式。

尽管有机农业备受关注，但如果对有机农业的内涵没有深刻的理解，很容易产生一些误解。因此需要弄清楚以下几点主要问题。

第一，“有机农业就是在生产过程中，不使用人工合成的肥料、农药、生长调节剂和饲料添加剂的农业”。这是不全面的。有机农业强调可持续的生产体系的建立，不用合成的农用化学品，并不意味着任凭作物自生自长。不采取任何管理措施的农业生产体系是不能持续发展下去的。

第二，“有机农业就是传统农业”。这是许多初步接触有机农业的人的误解。有机农业不完全是传统农业。它是人们在高度发达的科学技术基础上重新审视人与自然关系的结果，不是倒退。有机农业拒绝使用农用化学品，但并不是拒绝科学，相反，它是建立在应用现代生物学、生态学知识，应用现代农业机械、作物品种、良好的农业生产管理方法和水土保持技术，以及良好的有机废弃物和作物秸秆的处理技术、生物防治技术和实践基础之上的。现代农业过分依赖于化学和工业技术，而忽略了环境和生态。

第三，“采用有机方法种植的作物产量一定比现代种植的产量低”。应该承认，在有机农业生产体系建立期间（尤其是有机转换期间），有机作物的产量通常会比常规作物的产量低。但是，从长远来看，一旦建立良好的有机农业生产体系，有机生产的作物产量并不一定会低于常规作物的产量。实践证明，只要恰当地培肥土壤，有机生产的产量，尤其是有机蔬菜、水果的产量，还可能高于常规生产系统产量的10% ~ 20%。而且，产量高低也是一个相对的概念，通过超过系统可承受的外部物资的投入来获得高产，并不是有机农业追求的目标。

第四，“有机食品的目标是追求零污染，是在绝对无污染的地方进行有机食品的生产”。食品是否有污染物质是一个相对的概念，自然界中不存在绝对不含任何污染物质的食品。应该说，有机食品中污染物质的含量比普通食品低，但有机食品并不是绝对无污染。强调有机食品的零污染，只会导致人们过分重视对生产环境的选择和对产品的污染状况的化学分析，而忽视有机农业对环境改造与保护的作用，忽视对整个生产过程的全程质量控制。

第五，“有机农业生产简单来说，就是用有机肥替代化肥的使用”。为了替代化肥，在有机生产中需要使用大量的有机肥。但如果不注意有机肥的科学施用方法和用量，例如过量使用或使用时间不恰当，不仅影响作物生长，还会影响作物的品质，使作物易受病虫害的危害，并会造成环境污染。因此，有机农业不用化肥，但要科学地使用有机肥。另外，有机农业还非常强调豆科绿肥的种植，并尽量减少土壤养分的淋溶流失，有机肥和其他矿质肥料只是作为土壤养分的有效补充。

有机农业近年来迅速发展，为更深入理解有机农业，需要了解有机农业的起源与发展历程。

2.有机农业的起源与发展

（1）萌芽阶段（1930—1970年）。20世纪30年代英国植物病理学家霍华德（Albert Howard）在总结和研究中国传统农业的基础上，完成了《农业圣典》一书，书中推崇中国重视有机肥的经验，成为最早倡导有机农业运动的经典著作之一。

日本冈田茂吉先生及福冈正信先生推崇的自然农法的思想（图1），精辟地表达了有机农业的本质，即“尊重自然，顺应自然规律，与自然秩序相和谐”和“充分发挥土壤本身的伟大力量来进行生产”，希望地球上建立一个“没有贫穷、没有疾病，没有战争的天堂”。

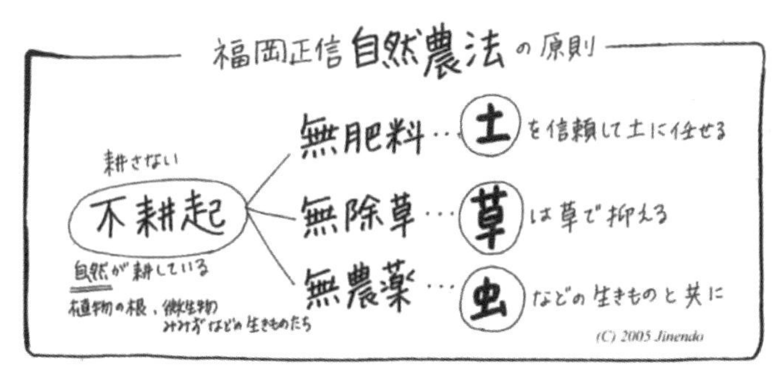

图1　日本福冈正信自然农法原则

（2）起步阶段（1970—2000年）。1972年由美国、英国、法国、瑞典和南非五个国家的组织成立国际有机农业运动联盟（IFOAM）倡导可持续农业，采用保持土壤永久肥力的技术，尽可能使用可再生资源，不污染环境，促进土壤和整个食物链中的生命力。在有机农业中自然的生命进程受到促进，营养物质的循环应尽可能保持完整。种植和养殖应该结合起来。包含人类、土地、植物和动物的农场被视为一个多元的整体，即一种有机整体。到2001年，IFOAM已有107个国家和地区的700多名成员，拥有有机食品标识380多个，成为当今世界上最广泛、最庞大的一个国际有机农业权威组织。

英国学者舒马赫（E.F.Schumacher）在他的《小的就是美丽》一书中提出了人们应通过发展一种带有新型生产方法和消费模式的可持续性生活方式来代替建立在增长与消费基础上的经济。这种生活方式必须建立在限制的基础上，因为我们生存的世界是有限的，只允许使用和采取一些消耗很少的方法和措施，它们适宜于小规模使用并与人类对创造的需求一致，有机农业就是实现这一目标的方式之一。

随着有机农业的发展，社会公正性日渐受到重视。要为有机生产和加工的每一个人提供高质量的生活，以满足其基本需要包括安全的工作环境并使其从工作中得到足够的收入和快乐。在有机食品的贸易过程中，要采取公平贸易的方式保证农民的利益。

与此同时，在20世纪中、末叶先后兴起过不同农业模式，如生态农业、自然农业、生物农业、生物动力农业，尽管名称各异、技术途径和侧重点有所不同，但其基本原理和实质内容是一致的。它们都注重“与自然秩序相和谐”和“天人合一，物土不二”的哲学理念，强调适应自然而不干预自然。在手段上，主要依靠自然界中的土壤，认为土壤是有生命的，肥料的作用是首先作用于土壤再传给作物，应该少动土(少耕或免耕)，主张依赖自然的生物循环，如豆科作物、有机肥、生物治虫、自然放牧等；在目标上，它们都是追求生态上的协调性、资源利用上的有效性、营养上的充分性的一种农业方法。

大多数国家都成立了有机食品或有机农业组织，如有机农民协会、有机食品检查认证和咨询机构，形成有机农业研究、咨询、生产、加工、贸易、认证一体化的趋势，推动有机农业和有机食品业的迅速发展。从20世纪80年代起，随着一些国际和国家标准的制定，一些发达国家才开始重视有机农业，并鼓励常规农业生产向有机农业生产转变，这时有机农业的概念才开始被广泛接受。

（3）发展阶段（2000年至今）。世界卫生组织（WHO）领导的有机认证者委员会（OCC）制定了“有机农业规范”；美国1996年公布了有机产品的联邦标准，2001年8月开始执行全国统一的有机食品标准；欧洲联盟（简称“欧盟”）有机农业的动物标准于2000年8月正式生效；日本在2001年4月公布了有机食品法。随着国外绿色食品标准体系和认证体系日趋成熟和完善，一些国家、地区认证机构的陆续成立以及在1994年乌拉圭回合《世界贸易组织协定》和《技术贸易壁垒协议》中农产品贸易“绿色壁垒”的影响下，全球有机农业得到了快速发展。1995年至今，欧洲有机农业生产占农业生产总量的3%～5%，美国占2%左右；欧盟及日本的有机食品销售年均增长率为25%～30%，美国、韩国有机食品年销售额增幅分别达到20%和40%；美国成为全球最大的有机食品市场，有42%的超市经营绿色食品；法国是世界上有机农业企业数量最多的国家，也是世界上最大的有机农产品出口国。

有机农业随着政治、经济和环保意识的发展而变化，目前有机农业已经成为国际现代农业的一个分支，代表着现代农业的发展方向，但是由于各国的经济状况和从事有机生产的动机和目的不同，对有机农业概念的理解的侧重点不同，从而形成了有机农业概念的多元化。

欧洲把有机农业描述为一种通过使用有机肥料和

适当的耕作和养殖措施以达到提高土壤的长效肥力的系统。有机农业生产中仍然可以使用有限的矿物质，但不允许使用化学肥料。通过自然的方法而不是通过化学物质控制杂草和病虫害。

美国农业部把有机农业定义为一种完全不用或基本不用人工合成的肥料、农药、生长调节剂和畜禽饲料添加剂的生产体系。在这一体系中，在最大的可行范围内尽可能地采用作物轮作、作物秸秆、畜禽粪肥、豆科作物、绿肥、农场以外的有机废弃物和生物防治病虫害的方法来保持土壤生产力和耕性，供给作物营养并防治病虫害和杂草。尽管该定义还不够全面，但该定义描述了有机农业的主要特征。

我国有机农业起步的标志性事件是1989年国家环境保护局南京环境科学研究所农村生态研究室加入IFOAM，这是我国第一个加入IFOAM的研究机构，是我国有机产品事业的发起机构。浙江省的裴后茶园和临安茶厂获得了有机颁证，这是我国内地获得有机认证的第一家有机农场和第一家有机农产品加工厂。1994年，经国家环境保护局批准，国家环境保护局南京环境科学研究所农村生态研究室改组成为国家环境保护总局有机食品发展中心（Organic Food Development Center of SEPA，简称 OFDC），专门从事有机农业生产技术标准与有机食品管理办法的研究与制定，宣传有机农业理念，进行有机农业技术培训。1992年11月，我国农业部批准组建了中国绿色食品发展中心（China Green Food Development

Center)，该中心于1993年加入IFOAM。1995年，中国绿色食品发展中心开始将我国的绿色食品实施分级，即分为A级和AA级，AA级绿色食品就等同于有机食品。2001年12月25日，中国国家环境保护总局发布《有机食品技术规范》，并于2002年4月1日正式施行，这是我国实施的第一个有机食品标准，该标准根据联合国有关有机食品的指南（CAC/GL32-1999）、IFOAM的有机生产和加工的基本标准等其他有机产品标准对我国有机产品的生产、加工、销售进行规定。2004年我国国内有机产品的产值为22.15亿元，出口额为12.39亿元。2005年1月我国第一部有机产品标准《有机产品国家标准》由国家标准化管理委员会正式颁布，同年6月，《有机产品认证实施规则》由中国国家认证认可监督管理委员会颁布。从此，国内有机农产品市场销售额开始快速增长。2007年，我国有机食品的国内销售额达30多亿元，出口额达4亿美元。

2012年3月1日，我国正式实施新版《有机产品认证实施规则》（CNCA-N-009：2011）、《有机产品认证目录》和新版《有机产品》国家标准（GB/T 19630—2011），新版规则实施对有机产品的生产、加工、销售和认证的过程比以前规定严格，建立了有机农产品“从田间到餐桌”的追溯体系，并设置了不规范企业退出机制，我国的有机产业迈向一个新的高度。在监管方面，我国为了完善有机认证制度，增强有机认证的有效性，不但建立了国家认证监管部门，还建立了地方认证监管部门。2013年，我国处于有效状态的有机产品认证机构有55家。截至2012年3月，我国已经有7 728家从事有机农业的企业，共获得11 090张有机产品认证证书。

我国虽然实施了有机农产品新标准，但有机农产品认证体系和国际标准之间仍然存在一定的差距，政府以及相关部门仍然需要进一步完善有机农业标准以及认证体系。

3.有机农业的发展现状

根据瑞士有机农业研究所（FiBL）对全球范围内172个国家（2013年为170个国家）有机农业发展的最新调研，在2017年11月在德国BIOFACH展会上发布了截至2015年年底全球有机农业的数据（图2）。

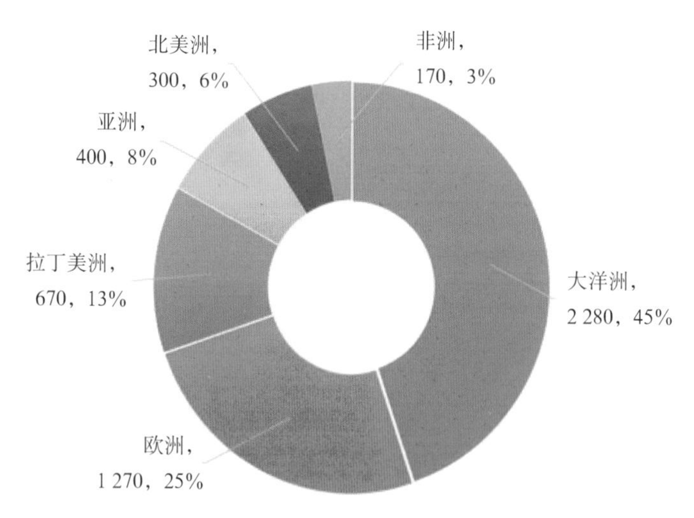

图2　2015年全球有机农业面积分布（单位：万公顷）

全球以有机方式管理的农地面积为5 090万公顷(包括处于转换期的土地)。有机农地面积最大的两个洲分别是大洋洲（2 280万公顷，占世界有机农地的45%）和欧洲（1 270万公顷，25%），接下来是拉丁美洲（670万公顷，13%）、亚洲（400万公顷，8%）、北美洲（300万公顷，6%）和非洲（170万公顷，3%）（图2）。有机农地面积最大的三个国家分别是澳大利亚（2 270万公顷）、阿根廷（310万公顷）和美国（200万公顷），而中国的有机农地面积为161万公顷，世界排名第五位（图3）。据估计2016—2026年间，中国有机农业生产面积以及产品年均增长20% ～ 30%，在农产品生产面积中占1% ～ 1.5%，达到1 800万～ 2 300万亩*。

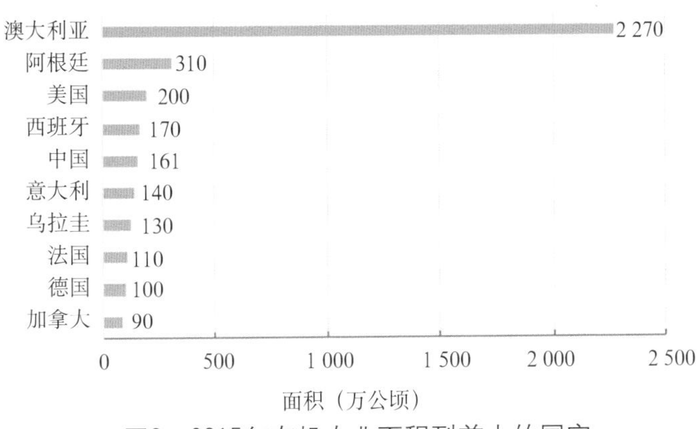

图3　2015年有机农业面积列前十的国家

2015年有机农地面积约为1999年1 100万公顷的5倍。2015年全球有机农地面积比2014年增加了约720万公顷（图4）。

*　亩为非法定计量单位，15亩＝1公顷。

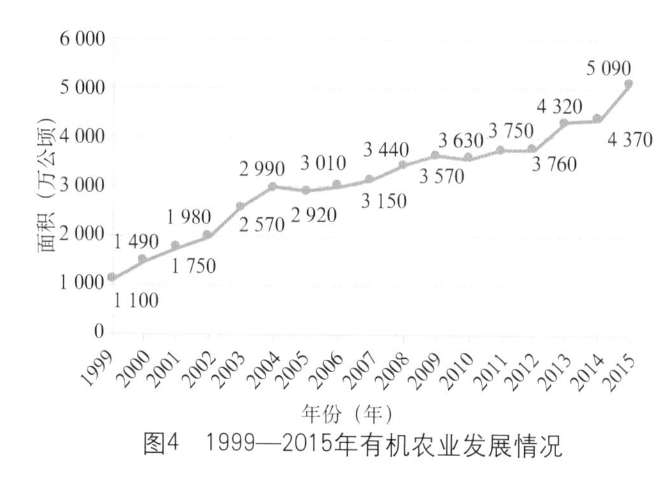

图4　1999—2015年有机农业发展情况

据统计，2014年全球有机食品（含饮料）的销售总额已达到了800亿美元。有机产品的销售额在过去十年间一直保持着良好的增长态势，《有机观察》（*Organic Monito*r）预计有机产品市场在未来将会持续增长。欧洲和北美洲拥有世界三分之一的有机农地，贡献了超过90%的销售额，亚洲、拉丁美洲和非洲虽已成为重要的有机农作物产区，但这些地区的有机产品主要用于出口。2014年，全球排名前三的有机产品市场是美国、德国和法国，销售额依次为270.62亿欧元、79.10亿欧元和48.30亿欧元，而中国位于第四位，销售额为37.01亿欧元。

自2015年以来，中国《有机产品认证目录》中增加了30多种产品。越来越多的中国检查员在海外进行中国有机标准的认证工作，以保证海外有机产品符合中国有机标准并可以贴上中国有机认证标识。有机认证机构的注册规则已经被简化了，有机认证检查员需要参加一个考试就可以完成注册成为检查员，之前则必须在参加培训和面试后才能参加考试完成注册。中国有机认证机构现在不用事先取得国家权力机关的授权就可以直接进行对海外有机证书的检查和认证工作。但是，认证活动还是需要上报给监管机关。IFOAM的会员数量也在持续增加。到2016年末，有机认证中所涉及的认证机构的数量已从2015年末的24个增长至36个。

在2016年8月贵州举行的首届中国有机大会暨国际峰会上，IFOAM发布的数据表明，目前世界有机农业发展正在经历规模化生产和市场形成之后的发展3.0时代。不同于专注理论层面反思工业化农业的1.0时代和进行小型农场实践的2.0时代，有机农业3.0时代的特点是生产者和消费者就“健康、生态、公平、关爱”四大原则进行更加紧密合作，实现人类与自然、传统与科技的和谐统一。目前，在世界范围内，有机农业的发展基本上有两种路线。一种是资本密集型有机农业，这种有机农业以工业化的农业结构为基础，转变种植方式，通过规模生产的现代产业模式来运营；另一种以传统农业结构为基础，以家庭为单位运营小型农场。

4.有机农业发展优势

中国农业大学吴文良教授团队与国家认证认可监督管理委员会进行了2014年度中国有机农业调研和汇总，通过“驱动因子—状态—反应”（DSR）框架模型研究了有机农业在农业生产、节约投入以及环境效益等方面的价值，到2013年末，我国有机农业耕种面积为115.8万公顷，这些土地从常规农业转换为有机农业方式生产后，产生的环境效益主要体现在固碳减排、改善农田生物多样性和降低硝酸盐淋溶等，这些环境效益折合成经济价值为每年19.21亿元，相当于每公顷1 659元。此外，由于节约化肥和农药的投入，经济价值为每年31.1亿美元，相当于每公顷2 686元。有机农业生产中，由于产量降低导致的直接经济损失为每年61.15亿元，相当于每公顷5 280元。上述研究结果表明，有机农业的环境效益和化学品投入节约两方面总的经济效益，可以补偿绝大部分有机农业产量降低带来的损失。总之，有机农业的优势具体表现在五个方面。

（1）发展有机农业将有助于解决现代农业存在的问题。有机农业不使用合成的农药和肥料，既可以减少农药和化肥对环境的污染，也可以节省许多用于生产农药和化肥的能源。有机农业生产注重利用农业内部的物资，提倡对农业废弃物的循环利用，可以提高农业资源的利用率，减少资源浪费，有助于保护自然资源。有机农业提倡利用物种多样性，提倡利用生物方法培肥土壤，提倡应用少耕、免耕、作物覆盖等耕作措施，有利于防止水土流失和活化土壤，有利于农业可持续发展。

（2）可向社会提供好口味、富营养、高质量的安全食品，满足人们的需要。化肥农药的大量施用，在大幅度提高农产品产量的同时，不可避免地对农产品造成污染，给人类生存和生活留下隐患。目前人类疾病的大幅度增加，尤其各类癌症发病率的大幅度上升，与化肥农药的污染密切相关，有些地方甚至出现“谈食色变”的现象。有机农业不使用化肥、化学农药以及其他可能造成污染的工业废弃物、城市垃圾等，因此其产品食用安全、品质好，有利于保障人体健康。

（3）可以减轻环境污染。目前化肥农药的利用率很低，一般氮肥只有20% ~ 40%，农药在作物上附着率不超过30%，其余大量流入环境造成污染。如化肥大量进入水体造成水体富营养化，影响鱼类生存。农药在杀灭病菌和害虫的同时，也增加了病虫的抗性，并且杀死了有益生物及一些中性生物，结果引起病虫再猖獗，农药使用量越来越大，施用的次数越来越多，进入恶性循环。改用有机农业生产方式，可以减轻污染，有利于恢复生态平衡。

（4）有利于提高中国农产品在国际上的竞争力。随着我国国际贸易的日益发展，农产品进行国际贸易受关税调控的作用越来越小，但对农产品的生产环境、种植方式和内在质量控制作用越来越大（即所谓非关税贸易壁垒），只有高质量的产品才可能打破壁垒。有机农业产品是一种国际公认的高品质、无污染环保产品，因此发展有机农业可提高我国农产品在国际市场上的竞争力，增加外汇收入。

（5）有利于促进农村就业、增加农民收入。有机农业是劳动知识密集型产业，是系统工程，需要大量的劳动力投入，也需要大量的知识技术投入。有机农业食品在国际市场上的价格通常比普通产品高出20% ~ 50%，有的高出一倍以上。因此发展有机农业可以促进农村就业，增加农民收入，提高农业生产水平，促进农村可持续发展。

5.发展有机农业的目标

IFOAM提出发展有机农业原则包括健康原则、生态原则、公平原则、关爱原则。

有机农业和加工是以一系列原则和概念为基础的，这些原则和概念具有同等的重要性。有机农业和加工的原则性目标如下。①生产足量的高营养、优质食品。②以建设性和丰富生活的方式与自然系统和自然循环相互影响和相互作用。③要考虑到农业系统较广的社会和生态影响。④在农业系统中鼓励和增强生物循环，包括微生物、土壤动植物区系、植物和动物。⑤开发有价值的、持续的水产系统。⑥维持和提高土壤的长期肥力。⑦维持农业系统及其周围环境的遗传多样性，包括植物和野生动物栖息地的保护。⑧促使健康地使用和正确地保护水、水资源和其中相关的所有生物。⑨有当地组织的农业系统中尽量使用可再生资源。⑩创造作物生产和畜牧生产之间的协调平衡。⑪向所有牲畜提供能够让其按先天性行为进行生产的条件。⑫减少所有形式的污染。⑬用可再生资源加工有机产品。⑭生产可完全生物降解的有机产品。⑮生产使用期长、优质的纺织品。⑯允许每个人参与有机农业生产，以及拥有能满足其基本需求的有质量的生活，从工作中获得足够的收益和满足（包括安全的工作环境）。⑰向社会公正、生态负责的全方位的有机农业生产、加工和营销体系迈进。

以上目标可以概括为环境、健康、经济和社会公正四个方面，要实现这些目标，有机生产者就必须真正理解有机农业的原理，对农场进行精心的管理，使其生产系统能按生态学、生物学自身的规律发挥作用。以上述内容为目标所生产有机食品需要符合以下标准。①原料来自于有机农业生产体系或野生天然产品。②产品在整个生产加工过程中必须严格遵守有机食品的加工、包装、贮藏、运输要求。③生产者在有机食品的生产、流通过程中有完善的追踪体系和完整的生产、销售的档案。④必须通过独立的有机食品认证机构的认证。

6.我国有机农业发展面临的主要问题

（1）诚信危机。一般情况下，消费者很难从外观上辨别有机农产品和普通农产品，只能依靠有机农产品标识或认证标志识别。但市场上经常出现以普通农产品充当有机农产品，或虽然标识是有机农产品，但农产品被检测出仍含有一定的农药残留物等现象，已经引起消费者对有机农产品真实性的质疑。

很多有机农产品经营者，只看到有机农产品的经济利益，却忽略有机农产品的社会效益以及生态效益。一些有机农产品生产者只在部分符合有机农产品标准的基地严格按规定生产有机农产品，并获得有机认证，一旦认证成功，会在经济利益的驱使下，将不符合有机农产品标准的产品加工包装并以有机农产品名义进行销售。有机农产品经营者的诚信问题，使有机农产品市场信息严重不对称，出现“柠檬市场”现象，常规农产品将有机农产品挤出市场。

诚信是有机农业良好发展的前提，消费者对有机农产品怀疑甚至对有机农产品的质量没有信心，主要是监管部门的监管力度不够，监管环节不健全。各级政府主管部门要加大对有机农产品整个产业链的监管，给消费者营造一个放心消费有机农产品的环境。

（2）有机农产品的生产地偏远、分散，品种单一，价格偏高。我国农民多，耕地少，土地流转制度不完善，难以形成规模化有机农业生产基地，无法获得规模效益，有机农产品单位生产成本偏高。一方面，没有规模化生产，就没有大量的有机农产品供给，有机农产品物流量就相对减少，在有机农产品运输方面，无法产生运输的规模效应；另一方面，我国有机农产品基地大部分在农村，甚至是偏远山区，这些地方的交通不发达，无形中增加了有机农产品的运输成本，我国生产的有机农产品呈现明显的区域性，各地区的有机农产品品种很单一，而且大部分有机农产品是植物类，缺少畜禽有机农产品，在有机农产品结构上，主要是初级产品，很少有加工产品，无形中增加了有机农产品的经营费用，所以我国有机农产品的最终销售价格很高，消费主要集中于高收入人群，很难普及普通消费人群，制约了有机农产品市场的进一步扩大。

（3）我国农村的发展现状限制有机农业发展。我国农民耕种的土地建立在家庭承包经营的基础上，我国农村人口众多，每户分到的耕地有限，存在耕地零碎化现象，不但造成耕地严重浪费，而且降低灌溉效率，限制新技术的推广。我国的土地流转政策又不完善，这严重限制有机农业规模化发展。

我国大部分青壮年农民涌入城市打工，很少愿意留在农村务农，只留下少部分妇女，大部分空巢老人和留守儿童，劳动力短缺，这相对常规农业需要更多劳动力的有机农业是一个不利因素。我国的农民普遍存在文化程度不高现象，这严重影响农民对新事物的理解、辨别、判断以及接受，对推广有机农业形成阻碍，农民习惯常规农业生产方式，依赖大量农用化学制剂，难以迅速转向遵循自然规律和生态学原理的有机农业，对有机农产品标准、有机农业技术难以快速理解和掌握。

发展有机农业需要一定的资金投入，如规划有机生产地带，建立缓冲带，进行有机认证。有机农业转化期虽然有一定产量，但农产品的价格按普通农产品销售，转换期间难见经济效益。对于一般农户来说，有机农业存在的经济风险、自然风险是难以抵抗的。

（4）缺乏政府支持。政府虽然将发展可持续农业作为一种国家战略，已经充分肯定有机农业的生态效益以及社会效益，但在实际工作中，各级政府并没有给予高度重视。相关各级政府领导，尤其是乡级、镇级以及县级领导，一般在任只有三四年时间。首先，他们重视的是在任期间管辖范围不出事故；其次，要在在任期间出政绩，给上级领导看“耀眼工程”。有机农业是长期工程，而且有机农业的生态效益和社会效益在短期难以衡量。所以，农民若进行有机农业生产很难引起相关领导重视，甚至在办理相关有机农业手续时都会遇到审批手续繁琐、领导签字困难等“权力寻租”现象。有机农业难以引起重视就会导致国家出台的针对有机农业的补贴政策难以真正落实到农户。即使部分落实，也是一种以“撒胡椒面”形式均分到农户身上，难以起到一定作用，或者“分配”到与政府部门有某种“结盟”关系的有机农业大户或有机农业公司手中，真正落实到农户的资金寥寥无几。

（二）我国温室蔬菜发展现状及存在问题

1.我国温室蔬菜产业总体情况

发展以温室蔬菜为代表的温室农业是实现传统农业向现代农业生产方式转变和建设新型现代农业的重要内容，同时是提高土地利用率，建设资源节约型、环境友好型农业的重要途径。在自主知识产权温室装备与环境控制系统研究与开发、温室蔬菜生物学与基因功能基础研究、温室专用种质种苗选育和应用、优质高产高效栽培技术体系、资源高效利用与连作障碍克服、温室农产品安全保障、采后加工与配套温室技术研究等方面取得的创新成果，已经大面积推广应用。其中日光温室蔬菜高效节能栽培技术的研发使我国的温室节能技术跃居世界领先地位。

中国是一个蔬菜消费大国，同时也是世界上最大的温室蔬菜种植国家，近年来每年种植面积以10%左右的速度增长。据统计，我国温室蔬菜种植面积从2013年的5 520万亩增加到2016年5 872万亩，目前面积还在不断扩大，预计2020年将会达到6 158万亩。温室蔬菜产值已超过7 000亿元，行业从业人员达到4 000万人以上，已成为许多区域农业的支柱产业。随着近30年的温室农业发展，中国温室蔬菜生产在不同地区形成了各具特色的类型，例如小拱棚、大中棚、日光温室和连栋温室等。

《全国种植业结构调整规划（2016—2020年）》提出，统筹蔬菜优势产区和大中城市“菜园子”生产，巩固提升北方温室蔬菜生产，稳定蔬菜种植面积。到2020年，蔬菜种植面积稳定在3.2亿亩左右，其中温室蔬菜种植面积达到6 300万亩。

随着蔬菜产业结构的调整和优化，区域化布局基本形成，产业化经营和流通体系进一步发展，充分保证了新鲜蔬菜的全年供应，山东、河北、辽宁等区域形成蔬菜产业集中地，蔬菜产品销往国内各大市场。据统计环渤海和黄淮海地区的温室蔬菜产业约占全国总面积的60%；其次是长江中下游地区和西北地区，占比分别是20%和7%。

近些年，内陆及东北地区也在积极发展温室蔬菜产业，一是集中在大中城市周边，以满足城市在蔬菜淡季的自给率；二是集中在全国蔬菜产业规划的重点县。现阶段发展比较突出的有吉林、山西、陕西、四川、甘肃、湖北等省份。

在品类方面，我国温室蔬菜主要有辣椒、番茄、黄瓜、茄子等蔬菜，其中番茄温室栽培面积1 167.2万亩，占番茄总面积的57.2%，是我国温室栽培面积最大的蔬菜（图5）。

图5　2007—2014年国内有机蔬菜种植面积及温室栽培面积

目前我国有机蔬菜种植面积约占全国蔬菜总种植面积的0.3%，远低于国际1.7%～13%的比例，2014年我国有机蔬菜种植面积约为95.8万亩，国内有机蔬菜产量增长至205万吨。2014年，主要分布于北京、山东、福建、陕西等省份。

分析2007—2014年数据，从我国有机蔬菜的种植面积来看，有机蔬菜增长缓慢，但是从我国有机蔬菜消费量的走势看，消费者对于有机蔬菜的需求量越来越大。尤其是近几年，随着经济水平的增长以及对食品安全的关注，使得对蔬菜品质要求越来越高，给有机、绿色无公害蔬菜的发展带来了较大的增长空间。

2.主要温室蔬菜产区现状 *

我国5个温室蔬菜主产省份的种植情况，介绍如下。

（1）山东。据统计，山东省蔬菜（含西甜瓜）播种面积为3 262.97万亩，约占全国的1/10。总产量1.18亿吨，约占全国的1/7。2015年，山东蔬菜产值（含西甜瓜）2 142.27亿元，约占全省农业产值的43.45%。

据了解，目前山东保护地蔬菜面积在200万亩左右。按照这个面积，农资市场容量超过100亿元(包括肥料、农药)。青岛、寿光、莘县、青州、泰安、沂南等地是山东保护地蔬菜主要分布地区。寿光、莘县是山东传统蔬菜区，其他地区如济阳、商河、济南以北、平度、兰陵、临沂（沂南）等地也发展较快。

从山东省农业厅获悉，到2020年，全省蔬菜播种面积稳定在3 200万亩左右，其中温室蔬菜面积力

* 作物版团队，2018，我国设施蔬菜主产区分布情况[J].营销界（农资与市场）作物版(1).

争扩大到1 500万亩左右；蔬菜总产量达到1.25亿吨以上，总产值达到2 300亿元。山东省共生产十几大类150多种蔬菜，品种极为丰富，约有2 500多个品种。

寿光以黄瓜、番茄、辣椒为主，种植技术高，且用药水平较高。青州主要作物是各类蔬菜如姜、胡萝卜以及西瓜和樱桃等，2014—2016年是青州保护地蔬菜发展比较快的时期。近年来，寿光保护地蔬菜每年以2万～3万亩大棚的速度在增长。很大程度上得益于政府对产业发展的推动。新发展的大户居多（10亩以上为大户），并且40岁以内的年轻农场主越来越多。此外，种植户收入水平也有所提高，20%～30%的农场主年收入10万元以上，甚至达到百万元。

（2）河北。2014年河北省温室蔬菜种植面积达到1 028万亩，占全省蔬菜总种植面积的50%。其中，日光温室种植面积364万亩，大棚蔬菜面积283万亩，中小棚381万亩。河北省温室蔬菜生产规模预计在2020年将达1 200万亩。

河北省温室蔬菜平均总成本超过8 000元/亩，其中人工成本4 000元/亩以上，占总成本的50%以上，2015年平均单产达5 135千克/亩，平均每亩净利润5 000元左右。目前，河北省温室蔬菜3万亩以上的县（市、区，下同）80多个，还有一些超过30万亩，如永年、乐亭、肃宁、定州、永清、饶阳、青县等（表1）。

表1 河北省温室蔬菜分布情况

地 区	气候特点	主要温室	蔬菜类型
冀东唐山、秦皇岛两市，冀北承德山区和张家口坝下山间盆地	秋、冬、春三季热量比冀中南部平原低，但光照充足，阴雾天气少	以日光温室为主	周年生产黄瓜、番茄等各类喜温果菜
环京津地区廊坊、沧州、保定以及石家庄、衡水等	冬季温度高于北部地区，光照相对充足	日光温室与塑料拱棚平分秋色	可以周年生产各类果菜和叶菜
南部邢台和邯郸地区	冬季温度条件较好，但阴雾天气多	以塑料拱棚居多	冬季新鲜叶菜和耐寡照的西葫芦等果菜
坝上地区		近年开始发展日光温室和塑料拱棚	

与全国一样，河北温室蔬菜生产起源于农民创造，多种类型共同发展。目前，河北省已形成日光温室和大中塑料拱棚为主，小拱棚、网棚和钢骨架玻璃连栋智能温室为辅的生产格局。目前，河北省日光温室蔬菜面积已占全省蔬菜播种面积的18%，产量约占36%，产值约占40%。销售方面，京津冀地区冬季蔬菜调入量仍然较大，据不完全统计，河北省有上百家合作社与北京市的超市建立了稳定的合作关系，平均日供应蔬菜高达1 000吨以上。

（3）河南。近年来河南省蔬菜产业发展迅速，2016年蔬菜种植面积为2 658.75万亩，占全国种植总面积的

8.09%，产量为7 807.61万吨，占全国的9.71%（表2）。

河南省温室栽培面积占蔬菜种植总面积的20%。每亩露地蔬菜收益一般在1 000 ~ 2 000元，每亩温室蔬菜效益一般可达5 000 ~ 10 000元，最高可达3万元，是一般大田作物的15 ~ 20倍。

表2　河南省部分区域蔬菜种植情况及产量产值

区域	种植面积（万亩）	产量（万吨）	产值（亿元）	主要栽培形式
扶沟	52（温室18）	370	46.8	温室越冬一大茬栽培，巨型棚早春和秋延后栽培，育苗种类主要为黄瓜、番茄和辣椒
内黄	61.5（温室18.7）	250（温室173）	46.5	形成了大棚“西瓜—番茄”、大棚“甜瓜—菜椒”“黄瓜—苦瓜”等主要模式
新野	35（无公害20.8）	190	18	早春以拱棚为主的茄果类栽培，秋冬露地则多为甘蓝
中牟	52.8（温室9.2）	105.6	—	温室蔬菜专业村主要种植黄瓜、番茄、芹菜、香椿、叶用莴苣、蒜苗等
荥阳*	16（温室1.12）	23.9	—	番茄、黄瓜、芹菜、西葫芦、大葱
民权	20（温室1.2）	55	7	温室蔬菜基地以番茄、黄瓜、甜瓜为主；小拱棚蔬菜基地以香菜为主
济源	15.8（温室3.6）	45（温室13.6）	5.8（温室3.4）	番茄、黄瓜、芹菜、辣椒等

* 主要集中在广武镇。

种植者意识到蔬菜生产的重点由产量向质量转变是一个必然趋势，应采用标准化生产、注重品牌建设。品种多样化发展日益受到重视，各大种子公司都在争先培育受市场认可的优良品种。在蔬菜品种多样化发展的同时，蔬菜的种植群体也在慢慢发生变化，从以前的小农户、一家一户转向家庭农场、企业投资、农业企业、合作社经营；蔬菜流通环节从80%的终端销售依靠个体商贩实现发展为先进的地区采用农超对接、电商对接、订单销售、市场销售等多元化销售的格局，依托“互联网+蔬菜”，实现生产方式、流通渠道、服务身份的转变（表3）。目前，河南省还有多家现代化农业生产公司，利用无土栽培技术，进行水培蔬菜和智能温室栽培，从播种到蔬菜采摘人工调配营养进行种植。

表3　扶沟县蔬菜种植情况

种植群体	种植面积（亩）	数量（个）
蔬菜基地	>50	266
	>300	118
蔬菜园区	>600	21
	>1 000	12
蔬菜种植公司	—	6
种植合作社	—	128
家庭农场	—	22

（4）云南。依托云南特殊的气候优势，以反季节露地生产蔬菜为主体，云南是全国重要的南菜北运基

地、西菜东调基地，也是享誉全国乃至世界的“菜园子”（表4）。

表4　云南省蔬菜优势产业区情况

优势产业区	包含地区	主要品类
夏秋蔬菜	包含昭通市、大理白族自治州、丽江市、文山壮族苗族自治州、怒江傈僳族自治州、迪庆藏族自治州	结球甘蓝、大白菜、花椰菜、青花菜、萝卜、叶用莴苣等喜凉蔬菜以及辣椒、番茄等喜温蔬菜
冬春蔬菜	包含保山市、普洱市、西双版纳傣族自治州、德宏傣族景颇族自治州、临沧市、红河南部以及低热河谷地区	番茄、辣椒、茄子、洋葱、苦瓜、豇豆、菜豆等喜温蔬菜以及冬马铃薯和鲜食玉米
常年蔬菜	包含昆明市、曲靖市、玉溪市、楚雄彝族自治州以及红河哈尼族彝族自治州北部县市	大白菜、结球甘蓝、上海青、结球生菜、菠菜、油麦菜、葱蒜类等蔬菜，冬季热量充足的区域发展冬季马铃薯、鲜食玉米、鲜食豌豆、鲜食蚕豆等蔬菜

随着人们生活水平的提升，云南蔬菜种植总面积略有增长，且朝着集约化、多元化、精细化方向发展。据了解，2015年云南省蔬菜种植面积为1 500万亩左右，总产量2 510万吨，总产值490亿元。以外销为主，60%云南蔬菜销往省外市场，还有3.6%出口国外，本省市场只占36.4%。2016年出口量达到90.5万吨，占全国出口总量的8.7%。

云南温室蔬菜起步比其他省份晚，目前面积400万亩左右，主要集中在昆明和玉溪两地。其中昆明

2016年蔬菜种植面积161.32万亩，工厂化育苗场达170多家，供苗率达播种面积的41%；总产量330.67万吨，外销245.95万吨，占比74%；总产值161.32亿元。

保护地蔬菜的农药以安全、高效、低毒、低残留作为主要特点。杀虫剂、杀菌剂、除草剂各品类所占比例大约为43%、36%、21%，外企农药市场占有率约25%。在昆明和玉溪主要病虫害有霜霉疫病、土传病害、小菜蛾，通常采取化学农药防治病虫害。

（5）广东。2015年，广东蔬菜种植面积和产量分别为2 072.97万亩和3 438.78万吨，比2010年增加303.28万亩和720.19万吨，增长17.4%和26.5%。全省温室大棚面积16.8万亩，分布在全省各地。广东省温室蔬菜栽培有三种模式发展较快，是广东省温室蔬菜生产发展的主要力量（表5）。

表5　广东省温室蔬菜主要栽培模式

栽培模式	特 点
旅游观光	投资大、技术设备先进，蔬菜品种新奇，能吸引市民特别是城市居民来观光
生产与观光兼用	生产高档蔬菜或反季节蔬菜供应市场或出口，采用投入低、效果好的技术，边试验、边示范，主要靠生产收入来维持运作，同时具备观光效果
纯生产	不重视温室的外观，主要考虑成本低、效果好即可

温室类型主要有大型连栋玻璃温室和薄膜大棚、拱形塑料大棚、遮阳棚、小拱棚和地膜覆盖。早期主

要是玻璃角钢大棚，后来发展为以装配式拱形镀锌管大棚为主；由于连栋薄膜大棚比玻璃角钢大棚造价低、坚固且通风性能好、利用面积大，故发展很快。遮阳棚是广东夏季蔬菜种植的有效温室。

叶菜类种植面积和产量占比较大，其次为果菜类蔬菜。蔬菜种植产值可达5 735元/亩，是农业经济的主要增长点，蔬菜生产逐步向欠发达地区转移，珠三角地区逐步减少。

广东省温室蔬菜类型以低层次温室为主，调控能力差，栽培技术不配套，种植方式单调、种类品种单一，效益不高，发展受限。另外，盲目大量施肥，土壤酸化严重，对微生物种群有一定影响，企业化经营程度低，政策和科技投入相对薄弱。今后广东省温室蔬菜产业发展应朝着发展高级保护温室，完善简易温室；高度重视改土培肥，防止土壤连作障碍；完善蔬菜流通体系，促进蔬菜产销对接；加强温室蔬菜专用品种的选育及配套栽培技术研究等。

3.温室蔬菜产业面临的主要问题*

（1）温室抗灾、生产性能不佳。我国温室抗灾、生产性能不佳主要体现在三方面：一是温室制造业相对落后，国产温室结构性能差；二是进口温室价格昂贵，能耗高，生产效益差，如在北京，要想保证现代化连栋温室冬春茬黄瓜的优质高产，每平方米能耗花

---

* 张真和，马兆红，2017.我国设施蔬菜产业概况与“十三五”发展重`

费大约为300元，冬春茬温室番茄也要150元左右；三是老旧、劣质温室比重大，气象灾害频发。造成劣质温室比重大的主要原因：一是日光温室采光、保温设计原理和应用技术的普及度不高，比如合理采光时段原理和异质复合蓄热保温体原理，连很多日光温室的设计者都不是很清楚，更不用说自发建造日光温室的广大菜农和社会组织；二是一些地方政府采取高额全覆盖的财政补贴政策和限期完成高指标发展任务，建造压力大，验收标准低，于是建成了一大批结构性能低劣的日光温室和塑料大棚，缺少排涝工程，风、雪、暴雨等自然灾害又时有发生，导致蔬菜冷害、冻害频发。

（2）生产成本持续走高，比较效益滑坡。一是劳动力结构劣化、成本持续上涨。据调查，大城市郊区菜农的平均年龄在60岁左右，远离大城市的农区菜农年龄以55岁居多，且多数是妇女。不仅劳动力结构劣化，而且成本持续上涨。用工成本最便宜的地方一天50 ~ 60元，普遍是80 ~ 140元。有调查显示，劳动力成本已经成为温室蔬菜经营的主要成本，它能占到蔬菜生产企业总支出的40% ~ 60%，有的甚至更高。二是综合机械化程度非常低。蔬菜生产整体的综合机械化程度在20% ~ 30%，温室蔬菜更低。由于机械化程度低，生产用工多就不可避免，所以劳动力价格上涨对温室蔬菜影响最大的是比较效益下滑。虽然之前说温室蔬菜主要上市期价位高、波动小，但是和过去相比，比较效益显著下降。三是资源消耗高。温室蔬菜单位面积的水、肥、药消耗量远高于大田作物，其利用率比大田作物更低，农资的投入也不断增加。四是生产力水平不高。温室蔬菜单位面积产量仍比较低，比如果菜类每平方米产量大多在10 ~ 30千克。

(3) 产品质量安全隐患难以消除。一是生产的分散性。时至今日，我国蔬菜生产仍以散户为主，在这种状况下，质量安全监管存在很多漏洞。一些不法药商钻空子，违禁添加剧毒、高毒农药，欺瞒农民，也有一些农民只顾眼前利益，只要能赚钱，就不管农药残留高低。二是监管的随意性。比如对投入品的监管压力大时管得严，压力小时就管得松，监管上没有尺度，产地准出和市场准入制度地区间尺度不一。三是追溯的虚无性。不少蔬菜产品都贴有可追溯二维码，但是真正用手机一扫，发现是做样子，基本没内容。但湖北长阳地区做得比较好，二维码扫出来的内容很丰富，从产品名称、生产时间到用药施肥情况等一应俱全。四是流通的粗放性。在蔬菜流通环节，发达国家都是用专用的蔬菜冷藏车运输，我国则多用简易车辆运输，这就导致国内蔬菜在运输过程中出现很多损耗。为了降低损耗，一些不法商贩会用违禁药剂保鲜，比如近年来报道的大白菜用甲醛、大葱用硫酸铜防腐等事件，这些非法添加剂给食品安全带来很大隐患，更使人们提心吊胆，对农产品安全缺乏信任。

(4) 蔬菜产业组织发展进程严重滞后。一是温室蔬菜生产仍以散户为主。二是农事托管型社会化服务缺失。比如大田作物，不仅有专门负责植保、耕种、收获的公司，而且有从种到收全程托管的社会化服务，但是蔬菜作物托管服务与其相比严重缺失。三是蔬菜专业合作社大多有名无实。国内有很多合作社，但是真正进行统一规划、统一农资采购、统一种苗培育、统一病虫防治、统一产品等级标准、统一品牌销售的极少。往往是一些村里有权势的人注册合作社，对上截留政府的优惠政策，对下“盘剥”村民。而国外的专业合作社，所有入社社员共同出资注册一个公司，专门经营合作社的产品，统一为社员采购农资产品；社员的蔬菜采收后，都严格按照规定的等级标准进行商品化处理，然后交由公司统一销售，公司将产品卖掉后凭电子结算单与社员进行结算，在此之前公司无需向社员支付产品收购资金，年底公司还会按照股份进行利润分红，利益联结机制非常紧密。但是国内很多合作社都没有利益联结机制。四是销售服务主力军仍是经纪人、个体营销户，缺乏现代经营销售服务组织。所以整个蔬菜产业组织化程度仍相当低。

（三）温室有机蔬菜生产要求

1.温室蔬菜生产特点

温室蔬菜是通过高效利用环境因子延长蔬菜生产周期，提高蔬菜产量和质量。然而生产环境相对封闭，环境温暖湿润、作物种植密度高，也给害虫提供了适宜的生长、繁殖和为害的生态环境。蚜虫、蓟马类、粉虱类、斑潜蝇等小型害虫得到充分有利的发育条件，有为害猖獗的趋势。害虫发生面积不断扩大，一般造成产量损失15% ~ 30%，严重的减产50%以上，甚至会造成绝收或使产品失去其商品价值，严重影响着蔬菜产品的产量和品质，对生产构成严重威胁。

常规农业生产中大量使用化肥、农药等农用化学品，使地下水硝酸盐含量增加，破坏土壤结构，土壤有机质含量减少，水土流失严重，土壤板结，生产力下降。尽管可使作物生长快、产量高，但品质下降，而且农药残留高、硝酸盐含量高，直接威胁人类健康。农药、除草剂的使用导致各种天敌、传粉昆虫等有益生物大量减少，破坏了生态平衡。

传统蔬菜生产周期较短，害虫的发生种类多、危害重，由于化学农药防治见效快故成为主要防治方式，但化学农药的使用使害虫抗药性剧增，同时杀伤大量自然天敌，害虫危害越来越重且愈加难以防治。另外，农药的不合理使用，使高达80%的农药飘移或流失到非靶标生物、土壤和水域中，严重污染生态环境。化学农药通过生物富集在作物体内形成较高残留，再通过食物链危害人体健康、影响食物安全，食用蔬菜发生食物中毒事件和我国出口蔬菜受阻事件时有发生，给人类的生存和农业安全生产造成了严重威胁。

2.温室有机蔬菜生产基地要求

（1）基地环境要求。有机蔬菜的种植需要在适宜的环境条件下进行，基地应远离城区、工矿区、交通主干线、工业污染区和生活垃圾场所等。①地块完整。基地的土地应是完整的地块，其间不能夹有进行常规生产的地块，但允许存在有机转换地块；有机蔬菜生产基地与常规地块交界处必须有明显标记，如河流、山丘、人为设置的隔离带等。②必须有转换期。由常规生产系统向有机生产转换通常需要2年时间；多年生蔬菜在收获之前需要经过3年转换时间才能成为有机作物。转换期的开始时间从向认证机构申请认证之日起计算，生产者在转换期间必须完全按有机生产要求操作。经1年有机转换后的田块中生长的蔬菜，可以作为有机转换作物销售。③建立缓冲带和栖息地。如果邻近常规地块的污染可能影响到有机蔬菜生产基地中的地块，则必须在有机和常规地块之间设置缓冲带或物理障碍物，防止邻近常规地块的禁用物质飘移，保证有机地块不受污染。在种植基地周边应设置天敌栖息地，提供给天敌活动、产卵和寄居的场所。

（2）栽培管理。①种子和种苗地选择。应选择有机蔬菜种子和种苗。如果市场上得不到已获认证的有机蔬菜种子和种苗（如在有机种植的初始阶段），可使用未经禁用物质处理的常规种子或种苗。但其种子和种苗应适应当地的土壤和气候特点，且对病虫害有抗性，同时在品种的选择上要充分考虑保护作物遗传多样性。禁止使用任何转基因种子和种苗。②轮作清园。基地应采用包括豆科作物或绿肥在内的至少3种作物进行轮作；在1年只能生长一茬蔬菜的地区，允许采用包括豆科作物在内的2种作物轮作，禁止连续多年在同一块地种植同一种作物（牧草、水稻及多年生作物除外）。前茬蔬菜收获后，彻底清理基地，将病残体全部运出基地外销毁或深埋，以减少病害基数。③配套栽培技术。通过培育壮苗、嫁接换根、起垄栽培、地膜覆盖、合理密植、植株调整、合理灌溉等技术，充分利用光、热、气、水等条件，创造一个有利于蔬菜生长的环境，以达到高产的目的。

（3）肥料施用。

施肥原则：通过回收、再生和补充土壤有机质和养分来补充因作物收获从土壤中带走的有机质和土壤养分，保证施用足够数量的有机肥，辅以生物肥料，以维持和提高土壤肥力、营养平衡和土壤生物活性。

施肥种类：①有机肥。如源于本基地的饼肥、堆肥、沼气肥、绿肥、作物秸秆等。②生物菌肥。包括腐殖酸类肥料、根瘤菌肥料、复合微生物肥料等。③其他肥料。遇特殊情况，如处于有机转换期或证实有特殊的养分需求时，经认证机构许可可以购入一部分基地外的肥料，如钾矿粉、磷矿粉、氯化钙等有机复合肥或有机专用肥。

施肥技术：①有机肥在堆制过程中，允许添加来自于自然界的微生物，但禁止使用转基因生物及其产品。②天然矿物肥料和生物肥料不得作为系统中营养循环的替代物，矿物肥料只能作为长效肥料并保持其天然组合，禁止采用化学处理提高其溶解性。③限制使用人粪尿，必须使用时，应按相关要求进行充分腐熟和无害化处理，并不得与蔬菜食用部分接触。禁止在叶菜类、块茎类和块根类蔬菜上使用。④禁止使用化学合成肥料和城市污水污泥。

施肥方法：①施肥量。有机蔬菜的种植过程中，应做到种菜与培肥地力同步进行。一般每亩施有机肥3 000 ～ 4 000千克，追施有机专用肥100千克。②施足底肥。将施肥总量的80%用作底肥，结合耕地将肥料均匀地混入耕作层内，以利于根系吸收。③巧施追肥。对于种植密度大、根系浅的蔬菜可采用追肥方式，当蔬菜长至3 ～ 4片叶时，将经过晾干制细的肥料均匀撒到菜地内，并及时浇水。对于种植行距较大、根系较集中的蔬菜，可开沟条施追肥，开沟时不要伤到根系，用土盖好后及时浇水。

（4）杂草管理。①田间杂草要及时人工清除。也可利用黑色地膜覆盖，提倡运用基地秸秆覆盖或间作的方法，避免土壤裸露，控制杂草生长。②在使用含有杂草的有机肥时，需要使其完全腐熟，从而杀灭杂草种子，减少带入田地杂草种子数量。③通过采用限制杂草生长发育的栽培技术（如轮作、种植绿肥等）控制杂草，允许采用机械和电热除草，禁止使用基因工程产品和化学除草剂除草。

二、常见温室蔬菜害虫识别及防治方法

温室蔬菜种植条件也给害虫提供了适宜生长、繁殖和为害的生态环境，严重影响了蔬菜的质量和产量，成为制约温室蔬菜产业进一步发展的关键因素。因此，识别及掌握温室蔬菜虫害的发生特点，有利于进行精准的虫害防治，降低危害程度及防控成本。

（一）害虫常见种类识别及监测

1.害虫危害的识别特征

（1）为害根部和根际的症状。地表根际部分皮层被咬坏；幼苗根部被咬坏，根外部有蛀孔，内部形成不规则蛀道；地表有明显的隧道凸起。

（2）为害枝、干和花、茎内部的症状。枝梢部分枯死或折断，内有蛀孔及虫粪；枝干有蛀孔或气孔，有流胶现象，地表有木屑或虫粪积累。

（3）为害叶部的症状。叶片表面失绿、变黄，有蜜露或黏液、卷叶或皱缩；叶片被咬成缺刻或孔洞，有丝状叶丝；吐丝将嫩梢及叶片连缀在一起；吐丝把叶片卷成筒状，或纵向折叠成“饺子”状，幼虫藏在里面为害；叶边缘向背面纵卷成绳状；幼虫潜入叶肉为害，叶表面可见隧道；幼苗的幼芽和幼叶被咬坏。

(4) 为害花蕾、花瓣、花蕊的症状。蛀入花蕾或花朵中为害；在花蕾表面为害，在花朵中为害花瓣、花蕊。

(5) 为害果实的症状。舔食果实表面，留下痕迹；钻蛀果实内部，使果实凹陷、畸形；刺吸果实汁液，果实表面留有斑驳的麻点。

2.温室蔬菜重要害虫种类

中国温室蔬菜重要害虫种类主要包括31种昆虫(表6)。其中以蚜虫、粉虱、叶螨和蓟马在温室蔬菜生产中发生最为普遍、危害程度最重。如桃蚜，寄主范围很广，可在50多科近400种植物上取食，并可传播200多种植物病毒。桃蚜通过直接刺吸植物，造成植物营养不良，使寄主植物生长缓慢甚至停滞。粉虱（温室白粉虱和烟粉虱）的危害不仅降低了果蔬的产量同时也严重影响果蔬的品质。由于粉虱抗药性发展迅速，已对常用杀虫剂产生高水平的抗性和交互抗性。中国温室蔬菜生产中常见叶螨大多是叶螨属，主要包括二斑叶螨、朱砂叶螨、截形叶螨和侧多食跗线螨等，极易暴发成灾，严重影响蔬菜的品质和质量。蓟马是全球重要的杂食性昆虫，黄蓟马和葱蓟马是危害蔬菜生产的主要蓟马种群。2003年，在北京郊区的蔬菜大棚内发现外来入侵种西花蓟马。西花蓟马是一种世界性检疫害虫，具有繁殖速度快和寄主范围广等特点，危害极其严重，常常造成作物减产甚至绝收，现已成为危害中国温室蔬菜生产的主要蓟马种类。

表6　中国温室蔬菜害虫主要种类

目	害虫	寄主植物
半翅目	桃蚜	十字花科、茄科
	萝卜蚜	甘蓝、花椰菜、萝卜、芥蓝等
	豆蚜	蚕豆、豌豆等豆科植物
	瓜蚜	葫芦科、茄科、豆科、菊科及十字花科
	甘蓝蚜	大白菜、萝卜等
	葱蚜	韭菜、野蒜、葱等葱蒜类
	烟粉虱	茄科、十字花科、葫芦科、豆科等
	温室白粉虱	茄科
缨翅目	棕榈蓟马	葫芦科、茄科、豆科
	烟蓟马	节瓜、冬瓜、苦瓜、西瓜以及番茄、茄子和豆类等
	西花蓟马	草莓、茄科等
鳞翅目	菜粉蝶	十字花科（甘蓝、花椰菜和球茎甘蓝等）
	小菜蛾	十字花科（甘蓝、花椰菜、白菜、萝卜）
	甜菜夜蛾	甘蓝、白菜、萝卜、烟草、菠菜、甜菜及豆科
	斜纹夜蛾	十字花科、茄科
	小地老虎	十字花科、茄科、葫芦科及豆科
	瓜绢螟	葫芦科、瓜类及番茄、茄子等
	菜螟	十字花科、茄科

（续）

目	害虫	寄主植物
鳞翅目	棉铃虫	番茄、棉花等
	豆荚野螟	豆科
鞘翅目	黄曲条跳甲	十字花科（白菜、萝卜、芥菜等）
	马铃薯瓢虫	茄科、豆科、葫芦科、十字花科、藜科
双翅目	韭菜迟眼蕈蚊	韭菜
	瓜实蝇	葫芦科
	美洲斑潜蝇	茄科、豆科等
	南美斑潜蝇	豆科、油菜、花卉等
	番茄斑潜蝇	茄科
真螨目	朱砂叶螨	茄科、葫芦科、豆科等
	茶黄螨	茄科、豆科、葫芦科及萝卜
其他害虫	同型巴蜗牛	十字花科、花卉等
	野蛞蝓	十字花科、食用菌、花卉、灌木等

此外，许多害虫在温室条件下改变了发生规律，如小菜蛾、菜粉蝶等有冬眠习性的害虫，可以一年四季不间断地发育、繁殖，发生基数大增，危害加重。蚜虫及螨类害虫也改变了其在木本植物上以卵越冬的习性，以孤雌生殖的方式周年不间断繁殖并持续为害。害虫发生面积不断扩大（约占播种面积的50%～80%）、危害频率增加（一年发生十几代以上）、危害程度加重（总虫株率80%，叶片受害率60%，产量损失一般达15%～30%，严重的减产50%

以上，甚至造成绝收或使产品失去商品价值)，严重影响蔬菜的产量和品质。在温室蔬菜生态系统中，由外来入侵害虫和本地害虫构成的复合群落大大降低了化学杀虫剂控制害虫效率。

温室蔬菜害虫种类繁多，按其对植物的危害特征可归纳为吸汁类、食叶类和钻蛀类三大类。其中蚜虫类、粉虱类、蓟马类等属于吸汁类，甲虫类、属于食叶类，而斑潜蝇类以及某些蛾类幼虫属于钻蛀类。

3.害虫监测方法

害虫对作物的影响与害虫的数量和危害强度呈正相关，只有当害虫达到一定指数(即经济阈值)时，才真正影响作物的生理活动和生产量。所以，在有机农业病虫害防治中，并不能见到害虫就喷药，而是应当害虫的种群数量达到防治指标时，才采取直接的控制措施。害虫的防治应在正确理念指导下，应用正确的监测方法，对害虫的种群动态做出准确的预测。

(1) 害虫信息素监测。害虫的信息素是由害虫本身或其他有机体释放出一种或多种化学物质，以刺激、诱导和调节接受者的行为，最终其行为反应可有益于释放者或接受者。在自然界里，大多数害虫都是两性生殖，许多害虫的雄性个体依靠雌性个体释放性激素的气味寻找雌性个体。雌性个体是性激素的释放者和引诱者，而雄性个体则是接受者和被引诱者，性激素是应用最普遍的一种害虫信息素，也是有机农业允许使用的昆虫外激素。

监测害虫发生期：通常使用装有人工合成的信息素诱芯的水盆诱捕器或内壁涂有黏胶的纸质诱捕器，根据害虫的分布特点，选择具有代表性的各种类型田块，设置数个诱捕器，记录每天诱虫数，掌握目标害虫的始见期、始盛期、高峰期和分布区域的范围大小，按虫情轻重采取一定的防治措施。

监测害虫发生量：根据诱捕器中的害虫数量预测田间害虫相对量，主要根据诱捕器每天诱捕的数量，确定田间害虫的实际发生量。

（2）黑光灯监测。光与害虫的趋性、活动行为、生活方式都有直接或间接的联系。光照因素包括光的性质(波长或光谱)、光照度(能量)和光周期(昼夜长短的季节变化)。黑光灯是根据害虫对紫外光敏感的特性而设计的，其光波为365纳米，可诱集多种害虫，可作为监测害虫发生的手段。

（3）取样调查。取样是最直接、最准确的害虫监测方法。其调查结果的准确程度与取样方法、取样的样本数、样本的代表性有密切的关系。田间调查要遵循的基本原则是明确调查的目的和内容，采取正确的取样和统计方法。

通过取样调查可以明确，害虫迁入农田为害的特点如下。

一是害虫由越冬场所直接侵入农田为害或在原农田内越冬。例如桃蚜、玉米螟、蝼蛄、稻瘿蚊、稻纵卷叶螟、三化螟和小麦吸浆虫等。针对这种情况，采用越冬防治是消灭虫源的好办法。首先是销毁越冬场所不让害虫越冬，例如秋耕与蓄水以消灭飞蝗产越冬卵的基地，除草、清园使红蜘蛛等害虫无处越冬；其次，当害虫已进入越冬期，可开展越冬期防治，例如冬灌、刮树皮、清除枯枝落叶等。

二是越冬害虫开始活动后先集中在某些寄主上取食或繁殖，然后再侵入农田为害。消灭这类害虫除采取越冬防治外，还要把它们消灭在春季繁殖“基地”里。经调查研究得知，就某一地区而言，虽然植物种类繁多，但春季萌发较早的种类并不多；就一种害虫而言，虽然大发生时或在夏、秋季节的寄主种类很多，但早春或晚秋的寄主却有限；就一个农作物区的总体来看，牧草、绿肥和一些宿根植物是多种害虫早春增殖的基地，水稻区的杂草是多种水稻害虫早春发生的集中场所。

三是害虫虽在农田内发生，但初期非常集中，且危害轻微。例如斜纹夜蛾，若能把它们消灭在初发期，作物仍可免受危害。

因此，采取人为措施，切断害虫食物链的某个环节，害虫发生就会受到抑制。比如对蚜虫、红蜘蛛、粉虱、潜叶蛾、甜菜夜蛾等害虫，春天它们先在一些木本寄主和宿根杂草上为害，以后向蔬菜田转移，如果把这些木本或杂草寄主铲除，使其食物链脱节，就能抑制其发生。

（二）蚜虫类害虫

蚜虫的种类非常多，有桃蚜、棉蚜、瓜蚜、萝卜蚜等40多种。从上半年3月起，随着气温的回升，蚜虫开始为害作物，并于4月中旬至6月上、中旬达到高峰，下半年蚜虫的为害高峰为8月下旬至11月上旬。本书中列举蔬菜中常见的6种蚜虫的形态特征、为害症状及生活习性，并整理了相关防治措施。

1.识别特征及习性

（1）桃蚜。桃蚜别名腻虫、烟蚜、桃赤蚜、油汉。桃蚜是广食性害虫，寄主植物约有74科285种。桃蚜营转主寄生生活，其中冬寄主（原生寄主）植物主要有梨、桃、李、梅、樱桃等蔷薇科果树；夏寄主（次生寄主）作物主要有白菜、甘蓝、萝卜、芥菜、芸薹、芜菁、甜椒、辣椒、菠菜等多种作物。桃蚜是甜椒栽培的主要害虫，又是多种植物病毒的主要传播媒介（图6）。

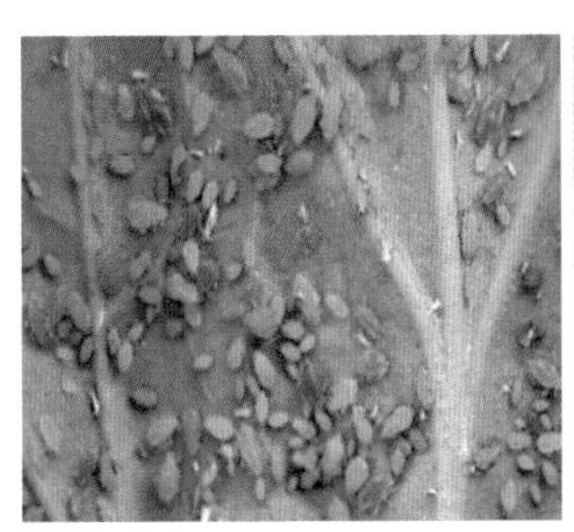

图6　桃蚜及其引起的辣椒上的煤污病

形态特征：①有翅胎生雌蚜。体长约2毫米，头胸部黑色，腹部淡暗绿色，背面有淡黑色斑纹。腹管很长，中部稍膨大，末端缢缩明显。②无翅胎生雌蚜。体长约2.6毫米，宽1.1毫米。全体绿色、黄色或樱红粉色，其他同有翅蚜。③卵。椭圆形，长0.5～0.7毫米，初为橙黄色，后变成漆黑色而有光泽。

为害症状：成虫及若虫在叶上刺吸汁液，造成叶片卷缩变形，植株生长不良，影响包心；危害留种植株的嫩茎、嫩叶、花梗和嫩荚，使花梗扭曲畸形，不能正常抽薹、开花、结实；同时桃蚜可传播多种病毒。

生活习性：桃蚜一般营全周期生活。早春，越冬卵孵化为干母，在冬寄主上营孤雌胎生生活，繁殖数代皆为干雌。断霜以后产生有翅胎生雌蚜，迁飞到十字花科、茄科作物等侨居寄主上为害，并营孤雌胎生生活不断繁殖出无翅胎生雌蚜，继续为害。直至晚秋夏寄主衰老不利于桃蚜生活时，才产生有翅性母蚜，迁飞到冬寄主上，生出无翅卵生雌蚜和有翅雄蚜，雌雄交配后，在冬寄主植物上产卵越冬。越冬卵抗寒能力很强，即使在北方高寒地区也能安全越冬。桃蚜也可以一直营孤雌生殖的不全周期生活，比如在北方地区的冬季，仍可在温室内的茄果类蔬菜上继续繁殖为害。

（2）萝卜蚜。萝卜蚜又称菜蚜、菜缢管蚜，可为害白菜、樱桃萝卜、芥蓝、青花菜、紫菜薹、抱子甘蓝、羽衣甘蓝、薹菜等十字花科名特优稀蔬菜。常与桃蚜混合发生。

形态特征（图7）：①有翅雌蚜。长卵形。长1.6～2.1毫米，宽1.0毫米。头胸部为黑色，复眼赤褐色，额瘤不明显，腹部黄绿色至绿色，腹管前各节两侧有黑斑，有时身体上有稀少的白色蜡粉。翅透明，翅脉黑褐色。腹管暗绿色，较短，中后部膨大，顶端收缩，约与触角第五节等长，为尾片的1.7倍，尾片圆锥形，灰黑色，两侧各有长毛4～6根。②无翅雌蚜。卵圆形。长1.8毫米，宽1.3毫米。全身黄绿色稍有白色蜡粉，胸部各节中央隐约有一黑色横斑纹。若蚜体型、体色似无翅成蚜，个体较小，有翅若蚜三龄起可见翅芽。

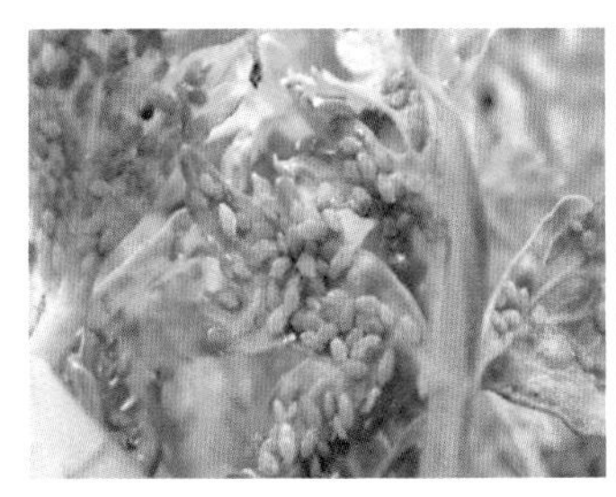
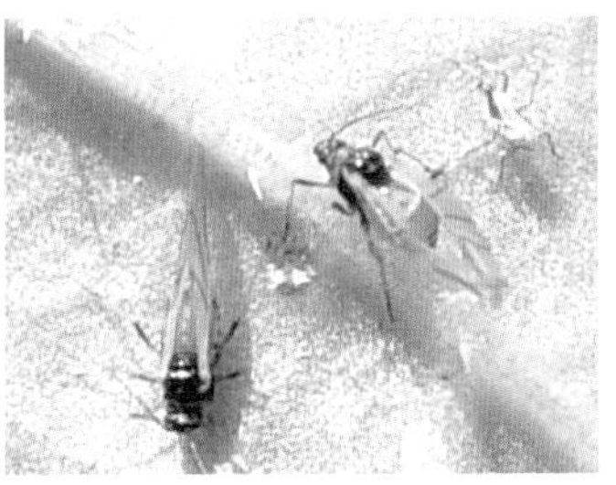

图7　萝卜蚜的无翅蚜与有翅蚜

为害症状：成蚜和若蚜常集结在菜心及花序嫩梢上刺吸汁液，造成幼叶畸形卷缩、生长不良，影响包心；留种菜被害后不能正常抽薹、开花、结实，同时还能传播病毒病。

生活习性：在温暖地区或温室中，终年以无翅胎生雌蚜繁殖，无显著越冬现象。长江以北地区，在蔬菜上产卵越冬，在江淮流域以南十字花科蔬菜上常混合发生，秋季9～10月是一年中的为害高峰期。年发生代数多，10～30代，因地而异，全年以孤雌胎生方式繁殖，无明显越冬现象。但在北方的冬季，萝卜蚜也可发生无翅的雌性蚜和雄性蚜，交配后在菜叶反面产卵越冬，亦有部分成蚜、若蚜在菜窖内越冬或在温室中继续繁殖，在夏季无十字花科蔬菜的情况下，则寄生在十字花科杂草焊菜（野菜子）上。因此，全年中秋季在白菜、萝卜上发生最为严重。

（3）豆蚜。

形态特征（图8）：①有翅胎生雌蚜体长1.5～1.8毫米，翅展5.0～6.0毫米，黑绿色带有光泽；触角第三节有5～7个圆形感觉圈，排成一行；腹管较长，末端黑色。②无翅胎生雌蚜体长1.8～2.4毫米，体肥胖，黑色或紫黑色带光泽；触角第三节无感觉圈；腹管较长，末端黑色。③若蚜分4龄，呈灰紫色至黑褐色。

图8　豆蚜无翅蚜和有翅蚜

为害症状：聚生于嫩茎、荚、花和新叶上，吸收养分，植株生长受阻，顶端部萎蔫或畸形，荚生长不良；大量排泄蜜露引起煤污病，使叶片表面铺满一层黑色真菌，影响光合作用，结荚减少，千粒重下降。

生活习性：豆蚜在长江流域年发生20代以上，冬季以成蚜、若蚜在蚕豆、冬豌豆或紫云英等豆科植物心叶或叶背处越冬。平常年份月平均温度8～10℃时，豆蚜在冬寄主上开始正常繁殖。4月下旬至5月上旬，成蚜、若蚜群集于留种紫云英和蚕豆嫩梢、花序、叶柄、荚果等处繁殖为害；5月中、下旬以后，随着植株的衰老，产生有翅蚜迁向刀豆、豇豆、扁豆、花生等豆科植物上寄生繁殖；10月下旬至11月，随着气温下降和寄主植物的衰老，又产生有翅蚜迁向紫云英、蚕豆等冬寄主上繁殖并在其上越冬。豆蚜对黄色有较强的趋向性，对银灰色有忌避习性，且具较强的迁飞和扩散能力，在适宜的环境条件下，每头雌蚜寿命可长达10天以上，平均胎生若蚜100多头。全年有两个发生高峰期，春季5～6月、秋季10～11月。适宜豆蚜生长、发育、繁殖温度范围为8～35℃；最适环境温度为22～26℃，最适相对湿度60%～70%。在12～18℃下若虫历期10～14天；在22～26℃下，若虫历期仅4～6天。

(4) 棉蚜。棉蚜又称瓜蚜，寄主植物有石榴、花椒、木槿、鼠李属、棉、瓜类等。

形态特征：无翅胎生雌蚜体长不到2毫米，虫体有黄色、青色、深绿色、暗绿色等颜色。触角约为身体一半长。复眼暗红色。腹管黑青色，较短。尾片青色。有翅胎生蚜体长不到2毫米，虫体黄色、浅绿或深绿。触角比虫体短。翅透明，中脉三岔。卵初产时橙黄色，6天后变为漆黑色，有光泽。卵产在越冬寄主的叶芽附近。无翅若蚜与无翅胎生雌蚜相似，但虫体较小，腹部较瘦。有翅若蚜形状同无翅若蚜，二龄出现翅芽，向两侧后方伸展，端半部灰黄色。

为害症状：棉蚜以刺吸式口器插入棉叶背面或部分幼嫩组织吸食汁液，受害叶片向背面卷缩，叶表有蚜虫排泄的蜜露（油腻），并往往滋生霉菌。棉花受害后植株矮小、叶片变小、叶数减少、根系缩短、现蕾推迟、蕾铃数减少、吐絮延迟（图9）。

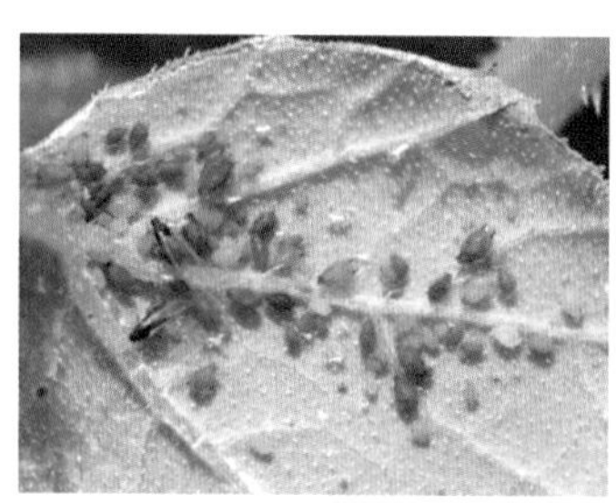

图9　棉蚜及其为害状

生活习性：以卵在越冬寄主上越冬，早春卵孵化后先在越冬寄主上生活繁殖几代，到棉田出苗阶段产生有翅胎生雌蚜，迁飞到棉苗上繁殖和为害。当被害苗棉蚜数量增多而拥挤时，棉蚜在棉区迁飞扩散。晚秋气温降低，棉蚜从棉花迁飞到越冬寄主交尾后产卵过冬。棉蚜在棉田的危害主要发生在苗蚜和伏蚜两个阶段。苗蚜发生在出苗到现蕾以前，适宜偏低的温度，气温超过适宜温度时繁殖受到抑制，虫口密度迅速下降。棉蚜在温带地区每年可发生20 ~ 30代，春季每代平均历期8.4天，夏季4天，产若蚜期一般8 ~ 24天，每雌产若蚜46 ~ 60头。棉蚜具有极强的繁殖力，这是其易猖獗发生的内在因素。只要外界环境条件适宜，无大量天敌控制时，即使在虫口基数不大的情况下，短期内也能大量繁殖，使棉花严重受害。如从1头蚜虫开始，在条件适宜时，经过1个月，即可发展到百万头之多。当受群体拥挤、营养条件恶化、蚜体含水量下降等因素影响时，棉蚜易产生有翅蚜，这是长期适应环境形成的遗传特性。有翅蚜周期性的发生与迁飞扩散有密切关系。棉蚜的迁飞每年有3 ~ 5次，包括迁移蚜迁飞2次，侨蚜迁飞1 ~ 3次。根据迁飞高峰出现的时期和数量，可分析寄主植物上棉蚜的种群结构、有翅若蚜或无翅成蚜所占的比例，确定其种群衰败程度。

（5）甘蓝蚜。甘蓝蚜又称菜蚜，为害多种十字花科蔬菜，以卵越冬，主要发生在晚甘蓝上，其次是球茎甘蓝、冬萝卜和冬白菜上。在温暖地区也可终年营孤雌生殖（图10）。

形态特征：成虫体长2 ~ 2.5毫米，全身覆明显的白色蜡粉，无额瘤，腹管短；多着生在心叶及

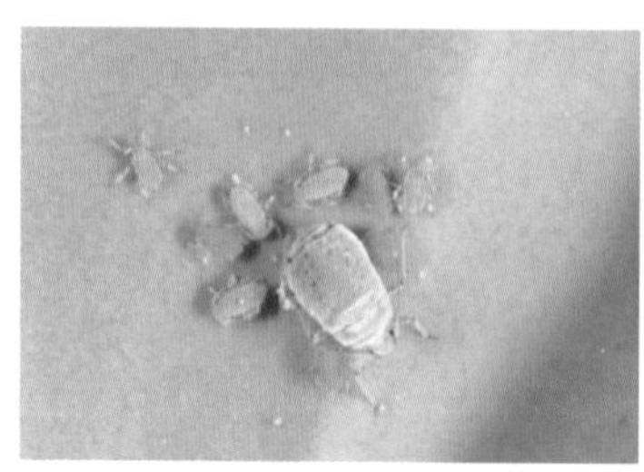

图10　甘蓝蚜无翅蚜和有翅蚜

叶背皱缩处，胸、腹部骨片黄褐色；触角突起及中额突起浅。尾片近似等边三角形，两侧各有2～3根长毛。

为害症状：以成虫和若虫群集寄主新叶及叶背皱缩处吸汁为害，并分泌蜜露污染叶面，常致叶片黄化、卷缩甚至枯萎。

生活习性：越冬卵一般在翌年4月开始孵化，先在留种株上繁殖为害，5月中、下旬迁移到春菜上为害，再扩大到夏菜和秋菜上，10月即开始产生有性蚜，交尾产卵在留种或贮藏的植株上越冬，少数成蚜和若蚜亦可在菜窖中越冬。甘蓝蚜的发育起点温度为4.5℃，从出生至羽化为成蚜所需有效积温无翅蚜为134.5℃，有翅蚜为148.6℃。在15～20℃下生殖力最高，一般每头无翅成蚜平均产仔40～60头。

（6）葱蚜。葱蚜主要为害韭菜、野蒜、葱和洋葱等葱蒜类蔬菜。分布于北京、四川、台湾、贵州、云南、山西等省份。

形态特征：无翅蚜长2毫米，宽1.2毫米，虫体卵圆形黑色或黑褐色，腹部色浅，腹部微具瓦纹，背毛短。喙长达后足基节，额瘤圆隆起外倾、粗糙。腹管花瓶状，光滑色淡。触角细长有瓦纹。有翅蚜头部黑色，腹部色浅，第一、三腹节具横带，翅脉镶黑边(图11)。

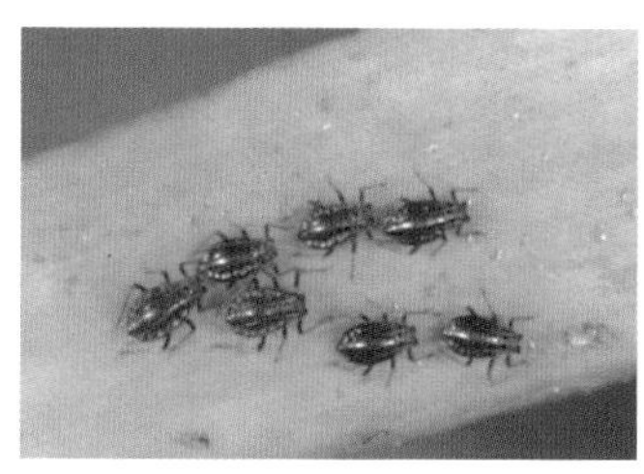

图11　葱蚜无翅蚜和有翅蚜

为害症状：群聚于葱、蒜的叶片为害，虫量大时布满全株，在植株上吸取汁液，造成植株早衰，严重时枯黄萎蔫。

生活习性：葱蚜一年发生20 ~ 30代，若温度适宜可终年繁殖为害。在北方以若虫在贮藏的洋葱或大蒜上越冬，在田间春、秋季发生量大，危害严重。葱蚜具群集性，初期都集中在植株分蘖处，当虫量大时布满全株。葱蚜有假死性和趋嫩性。

2.防治方法

(1) 农业防治。根据蔬菜品种布局，优先选用适合当地市场需求的丰产、优质和耐虫品种。合理安排茬口，避免连作，实行轮作和间作。经常清除田间杂草，及时摘除蔬菜作物老叶和被害叶片，对已收蔬菜或因虫毁苗的作物残体要尽早清理，集中堆积后喷药或集中烧毁，减少蚜虫来源。育苗时要把苗床和生产棚室分开，育苗前先彻底消毒苗床，幼苗上有虫时在定植前要清理干净。保护地可采用高温闷棚法，方法是在收获完后不急于拉秧，先用塑料膜将棚室密闭3 ～ 5小时，消灭棚室中的虫源，避免向露地扩散，也可以避免下茬作物受到蚜虫的危害。

（2）物理防治。①黄板诱杀。利用蚜虫趋黄性，在大田或大棚内挂黄板诱杀，也可以将废纸盒或纸箱剪成30厘米×40厘米大小，漆成黄色，晾干后涂上油膏（机油与少量黄油调成），下边距作物顶部10厘米，大棚内每100米挂8块左右，每隔7 ～ 10天涂1次油膏。②银灰膜避蚜。蚜虫对不同颜色的趋性差异很大，银灰色对传毒蚜虫有较好的忌避作用。可在棚内悬挂银灰色塑料条（5 ～ 15厘米宽），也可用银灰色地膜覆盖蔬菜驱避蚜虫，每亩用银灰色地膜约5千克，或在蔬菜播种后搭架覆盖银灰色塑料薄膜，覆盖18天左右揭膜，避蚜效果可达80%以上，可减少用药1 ～ 2次，同时早春或晚秋覆膜还能起到增温保温作用。③安装防虫网。保护地的放风口、通风口可以安装25目*左右的防虫网阻隔蚜虫飞入，由门进入大棚操作，注意进、出后随手关门。无论大棚、中棚、小棚，栽培空间均以所栽植株长成后不与防虫网接触为宜。

（3）生物防治。①天敌治蚜。充分利用和保护天敌以消灭蚜虫。蚜虫的天敌种类很多，主要分为捕食

* 目为非法定计量单位，指每英寸筛网上的孔数，1英寸＝2.54厘米。

性和寄生性两类。捕食性的天敌主要有瓢虫、食蚜蝇、草蛉、小花蝽等，寄生性的天敌有蚜茧蜂、蚜小蜂等寄生性昆虫，还有蚜霉菌等微生物。在生产中对天敌应注意保护并加以利用，使蚜虫的种群控制在不足以造成危害的数量之内。②植物源农药。植物源农药是指有效成分来源于植物体的农药，属于生物源农药中的一大类。植物体产生的多种具有抗虫活性的次生代谢产物，如生物碱类、类黄酮类、蛋白质类、有机酸类和酚类化合物等，均具有良好的杀虫活性。常用的药剂有10%烟碱乳油500 ~ 1 000倍液，该药药效只有6小时左右，低毒、低残留、无污染，不产生抗性，成本低；1%苦参碱可溶性液剂每亩50 ~ 120克喷雾防治，10 ~ 14天喷1次，共喷2 ~ 3次，有显著效果；还可选用1%印楝素水剂800 ~ 1 000倍液、15%蓖麻油酸烟碱乳油800 ~ 1 000倍液、0.65%茴蒿素水剂400 ~ 500倍液、2.5%鱼藤酮乳油500倍液、0.5%藜芦碱醇溶液800 ~ 1 000倍液喷雾防治。③烟草石灰水溶液灭蚜。混合烟叶0.5千克、生石灰0.5千克、肥皂少许，加水30千克，浸泡48小时后过滤，取滤液喷洒,7 ~ 10天喷1次，共2 ~ 3次，效果显著。④洗衣粉灭蚜。洗衣粉的主要成分是十二烷基苯磺酸钠，对蚜虫有较强的触杀作用，用400 ~ 500倍液隔10天喷1次，共喷2次，防治效果在95%以上。若将洗衣粉、尿素、水按0.2 ： 0.1 ： 100的比例搅拌混合，喷洒受害植株，有灭虫施肥一举两得的效果。⑤植物驱蚜。如韭菜的挥发性气味对蚜虫有驱避作用，将蚜虫的寄主蔬菜与其搭配种植，可降低蚜虫的密度，减轻蚜虫的危害程度。

（三）粉虱类害虫

粉虱是温室内常见的害虫之一，虫口密度起初增长较慢，春末夏初数量上升，秋季迅速上升达到高峰。9月下旬为害达到高峰，10月下旬以后随着气温的下降虫口数量逐渐减少。常见的种类主要有烟粉虱和温室白粉虱。

1.识别特征及习性

（1）烟粉虱。烟粉虱俗称小白蛾，是一种世界性的害虫。原发于热带和亚热带地区，20世纪80年代以来，随着世界范围内的贸易往来，借助花卉及其他经济作物的苗木迅速扩散，在世界各地广泛传播并暴发成灾，现已成为美国、印度、巴基斯坦、苏丹和以色列等国家农业生产上的重要害虫。危害番茄、黄瓜、辣椒等蔬菜及棉花等众多作物。烟粉虱体长不到1毫米，但其引起的危害却不容轻视。

形态特征：雌虫体长0.91±0.04毫米，翅展2.13±0.06毫米；雄虫体长0.85±0.05毫米，翅展1.81±0.06毫米（图12）。虫体淡黄白色到白色，复眼红色、肾形，单眼两个，触角发达、7节。翅白色无斑点，被蜡粉。前翅有两条翅脉，第一条脉不分叉，停息时左右翅合拢呈屋脊状。足3对，跗节2节，爪2个。卵椭圆形，有小柄，与叶面垂直，卵柄通过产卵器插入叶内，卵初产时淡黄绿色，孵化前颜色加深，呈琥珀色至深褐色，但不变黑。卵散产，在叶背分布不规则。若虫椭圆形。一龄体长约0.27毫米，宽0.14毫米，有触角和足，能爬行，有体毛16对，腹末端有1对明显的刚毛，腹部平、背部微隆起，淡绿色至黄色可见2个黄色点。一旦成功取食合适寄主的汁液，就固定下来取食直到成虫羽化。二、三龄体长分别为0.36毫米和0.50毫米，足和触角退化至仅1节，体缘分泌蜡质，固着为害。蛹淡绿色或黄色，长0.6 ~ 0.9毫米；蛹壳边缘扁薄或自然下陷无周缘蜡丝；胸气门和尾气门外常有蜡缘饰，在胸气门处呈左右对称；蛹背蜡丝有无因寄主而异。制片镜检：瓶形孔长三角形，舌状突长匙状；顶部三角形具一对刚毛；管状肛门孔后端有5 ~ 7个瘤状突起。

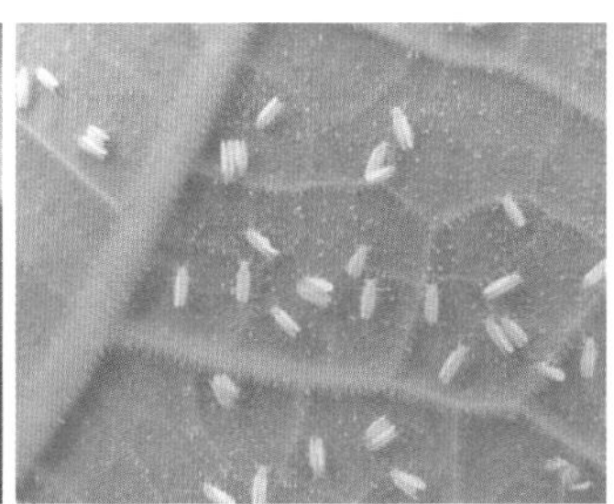

图12　烟粉虱成虫

为害症状：烟粉虱直接刺吸植物汁液，导致植株衰弱，若虫和成虫还可以分泌蜜露，诱发煤污病，虫口密度高时，叶片呈现黑色，严重影响光合作用。另外，烟粉虱还可以在30种作物上传播70种以上的病毒病，不同生物型传播不同的病毒。烟粉虱对不同的植物有不同的为害症状：叶菜类如甘蓝、花椰菜受害表现为叶片萎缩、黄化、枯萎；根茎类如萝卜受害表现为白化、无味、重量减轻；果菜类如番茄受害表现为果实成熟不均匀，西葫芦表现为银叶；在花卉上，可以导致一品红白茎、叶片黄化、落叶；在棉花上，叶正面出现褐色斑，虫口密度高时有成片黄斑出现，严重时导致蕾铃脱落，影响棉花产量和纤维质量。

生活习性：烟粉虱的生活周期有卵、若虫和成虫3个虫态，一年发生的世代数因地而异，在热带和亚热带地区每年发生11～15代，在温带地区露地每年可发生4～6代。田间发生世代重叠现象极为严重。在25℃下，从卵发育到成虫需要18～30天不等，其历期取决于取食的植物种类。

（2）温室白粉虱。温室白粉虱属同翅目粉虱科。1975年始见于北京，现几乎遍布全国。寄主有黄瓜、菜豆、茄子、番茄、青椒、甘蓝、甜瓜、西瓜、花椰菜、白菜、油菜、萝卜、莴苣、魔芋、芹菜等各种蔬菜及花卉、农作物等200余种。成虫和若虫吸食植物汁液，被害叶片褪绿、变黄、萎蔫甚至全株枯死。此外，由于其繁殖力强、繁殖速度快、种群数量庞大、群集为害并分泌大量蜜液，严重污染叶片和果实，往往引起煤污病的大发生，使蔬菜失去商品价值。除严重为害番茄、青椒、茄子、马铃薯等茄科作物外，也严重为害黄瓜、菜豆。

形态特征：成虫体长1 ~ 1.5毫米，淡黄色（图13）。翅面覆盖白蜡粉，停息时双翅合成屋脊状如蛾类，翅端半圆状遮住整个腹部，翅脉简单，沿翅外缘有一排小颗粒。卵长约0.2毫米，侧面长椭圆形，基部有卵柄，柄长0.02毫米，从叶背的气孔插入植物组织中。初产淡绿色，覆蜡粉，后渐变褐色，孵化前呈黑色，一龄若虫体长约0.29毫米，长椭圆形；二龄约0.37毫米；三龄约0.51毫米，淡绿色或黄绿色，足和触角退化，紧贴在叶片上营固着生活；四龄若虫又称伪蛹，体长0.7 ~ 0.8毫米，椭圆形，初期体扁平，逐渐加厚呈蛋糕状（侧面观），中央略高，黄褐色，体背有长短不齐的蜡丝，体侧有刺。

图13　温室白粉虱成虫

为害症状：成虫和若虫吸食植物汁液，被害叶片褪绿、变黄、萎蔫，甚至全株枯死。此外，由于其繁殖力强，繁殖速度快，种群数量庞大，群集为害，并分泌大量蜜露，严重污染叶片和果实，往往引起煤污病的大发生，使蔬菜失去商品价值。

生活习性：原产于北美西南部，后传入欧洲，现广布世界各地。在北方，温室一年可生10余代，以各虫态在温室越冬并继续为害。成虫有趋嫩性，白粉虱的种群数量，由春至秋持续增加，夏季的高温多雨对其抑制作用不明显，到秋季数量达高峰，集中为害瓜类、豆类和茄果类蔬菜。在北方由于温室和露地蔬菜生产紧密衔接和相互交替，白粉虱周年发生且世代重叠严重。寄主植物达600种以上，包括多种蔬菜、花卉、特用作物、牧草和木本植物等。尤偏嗜黄瓜、番茄、烟草、茄子和豆类。成虫、若虫聚集于寄主植物叶背刺吸汁液，使叶片退绿变黄，萎蔫甚至枯死；成虫、若虫所排蜜露污染叶片，影响光合作用，且可导致煤污病及传播多种病毒病。除在温室等保护地发生危害外，对露地栽培植物的危害也很严重。温室条件下一年发生10余代。在自然条件下不同地区的越冬虫态不同，一般以卵或成虫在杂草上越冬。繁殖适温18 ~ 25℃，成虫有群集性，对黄色有趋性，营有性生殖或孤雌生殖。卵多散产于叶片上。若虫期共3龄。各虫态的发育受温度因素的影响较大，抗寒能力弱。早春由温室向外扩散，在田间点片发生。

2.防治方法

（1）隔离。冬季寒冷和低温地区，烟粉虱在露地自然条件下不能越冬，合理安排茬口，在日光温室、塑料棚种植耐低温和烟粉虱非嗜食的蔬菜作物如白菜、菠菜、芹菜、叶用莴苣、韭菜等，可有效抑制烟粉虱发生且有利于切断烟粉虱生活史，发挥生物阻隔、屏障作用。

棚室喜温果菜（如瓜茄豆类蔬菜）周年生产，是烟粉虱嗜食和主要为害寄主，应在清园后于棚室门窗和通风口覆盖40 ~ 60筛目防虫网，阻止烟粉虱成虫迁入，切断烟粉虱的传播途径。

（2）净苗。培育无虫苗或清洁苗，控制初始种群密度是防治烟粉虱的关键措施。无虫苗是指定植菜苗不被烟粉虱侵染或带虫量很低，如大型连栋温室黄瓜、番茄苗的成虫发生基数应在0.002头/株以下，节能日光温室、塑料棚栽培应低于0.004头/株。只要把握好这一环节，可使棚室作物受害程度明显减轻，也为应用其他防治措施打好基础。

培育无虫苗的方法：北方地区冬季初春苗房无露地虫源，保持苗房清洁无残株落叶、杂草和自生苗，避免在蔬菜生产温室内混栽育苗，提倡营养钵、营养盘和栽培基质培育无虫苗；南方地区提倡采用地热线法和适期晚育苗避开露地虫源。夏秋季苗房育苗，可适期晚播，避开炎热天气，在通风口和门窗处配40 ~ 60筛目防虫网，苗房覆盖遮阳网，进行避雨、遮阳、防虫育苗。

（3）诱捕。研究显示烟粉虱对黄色与绿色的趋性差异显著，具有明显的趋黄性，在各种黄色中，以对深黄色的趋性最高，其次是浅黄色、杏黄色。因此，在保护地蔬菜田可悬挂深黄板诱杀作为综合防害的一项配套措施。在棚室蔬菜生长期可选用规格为25

厘米×40厘米的黄色粘板或其他市售产品悬挂，每10～12米挂一块，每亩挂30～40块，随着植株生长调节其高度，保持黄板下沿稍高于植株顶部叶片的部位，通常1～2个月更换1次，持续诱捕烟粉虱成虫并监测其发生动态以控制其种群增长，兼治斑潜蝇、蚜虫、蓟马等重要害虫。也可自制黄板，将1米×0.2米废旧纤维板或硬纸板用油漆涂成橙黄色，再涂上黏机油，每亩地设置30块以上，置于行间，与植株高度相同，诱杀成虫。当板面粘满虫时，及时重涂油，7～10天重涂1次。

（4）驱避。利用烟粉虱对银灰色的驱避性，可用银灰色驱虫网作为门帘，防止秋季烟粉虱进入大棚和春季烟粉虱迁出大棚。也可选用忌避材料，如大蒜汁液、芥末油，发生期在作物田喷施避虫。

（5）生物防治。在加温及节能日光温室、大棚，春夏季果菜作物定植后即挂诱虫黄板监测，发现烟粉虱成虫后，每天调查植株叶片，当烟粉虱成虫发生密度较低时（平均0.1头/株以下），均匀布点释放丽蚜小蜂1 000～20 000头/（亩·次）。将蜂卡挂在植株中上部叶片的叶柄上，隔7～10天挂1次，共挂蜂卡5～7次，使成蜂寄生烟粉虱若虫并建立种群，有效控制烟粉虱发生为害。放蜂的保护地要求白天温度能达到20～35℃，夜间温度不低于15℃，具有充足的光照，可以在蜂处于蛹期时（黑蛹）释放，也可以在蜂羽化后直接释放成虫，如放黑蛹，只要将蜂卡剪成小块置于植株上即可，若菜苗虫量稍高，每亩可用安全药剂99%矿物油乳油300 ～ 500克兑水60升喷雾，7 ～ 10天喷雾1次，共喷2 ～ 3次，压低烟粉虱基数与释放丽蚜小蜂结合。注意不可随意提高浓度，将药液均匀地喷洒在叶片背面。同时，提倡放蜂寄生烟粉虱若虫和悬挂黄板诱捕成虫结合应用，可提高防治效果和稳定性。

(6) 调控。将合理用药技术作为烟粉虱种群管理的一项辅助性措施，包括施药适期、耐药性治理的杀虫剂选择和轮换用药，将其种群数量控制在经济允许水平以下。

（四）蓟马类害虫

1.识别特征

(1) 棕榈蓟马。又称节瓜蓟马，为缨翅目蓟马科。喜食菠菜、枸杞、菜豆、苋菜、节瓜、冬瓜、西瓜、茄子、番茄等。成虫和若虫锉吸瓜类嫩梢、嫩叶、花和幼瓜的汁液，被害嫩叶嫩梢变硬缩小，茸毛呈灰褐色或黑褐色，植株生长缓慢，节间缩短；幼瓜受害后亦硬化，毛变黑，造成落瓜，严重影响产量和质量。茄子受害时，叶脉变黑褐色，发生严重时，也影响植株生长。

形态特征：雌成虫体长1.0 ～ 1.1毫米，雄成虫0.8 ～ 0.9毫米，黄色（图14）。触角7节，第一、二节橙黄色，第三节及第四节基部黄色，第四节的端部及后面几节灰黑色。单眼间鬃位于单眼连线的外缘。前胸后缘有缘鬃6根，中央两根较长。后胸盾片网状纹中有一明显的钟形感觉器。前翅上脉鬃10根，其中端鬃3根，下脉鬃11根。第二腹节侧缘鬃各3根；第八腹节后缘栉毛完整。卵长约0.2毫米，长椭圆形，淡黄色，产卵于幼嫩组织内。一、二龄若虫淡黄色，无单眼及翅芽；三龄若虫淡黄白色，无单眼，翅芽达第三、四腹节；四龄若虫淡黄白色，单眼3个，翅芽达腹部的3/5。

图14 棕榈蓟马成虫

生活习性：在广州年发生20代以上，终年繁殖。冬天在枸杞、菠菜、菜豆、茄子、野节瓜上取食活动。成虫怕光，多在未张开的叶上或叶背活动。成虫能飞善跳，能借助气流远距离迁飞。既能进行两性生殖，又能进行孤雌生殖。卵散产于植株的嫩头、嫩叶及幼果组织中。一、二龄若虫在寄主的幼嫩部位穿梭活动十分活跃，锉吸汁液并躲在背光面。三龄若虫不取食，行动缓慢，落到地上，钻到3 ~ 5厘米的土层中，四龄若虫在土中化蛹。在平均气温23.2 ~ 30.9℃时，三、四龄所需时间3 ~ 4.5天。羽化后成虫飞到植株幼嫩部位为害。

（2）烟蓟马。又名黄蓟马、菜田黄蓟马、棉蓟马，属昆虫纲缨翅目蓟马科，分布于我国华中、华南各地。主要为害节瓜、冬瓜、苦瓜、西瓜，也为害番茄、茄子和豆类蔬菜。成虫、若虫在植物幼嫩部位吸食为害，叶片受害后常失绿而呈现黄白色，花朵受害后常脱色，呈现出不规则的白斑，严重的花瓣扭曲变形甚至腐烂。南方小花蝽和草蛉对该虫有一定抑制作用。

形态特征：成虫体长1.1毫米（图15）。虫体黄色，触角第三至五节端半部较暗，第六至七节暗褐色。头宽大于长，短于前胸；单眼间鬃间距小，位于前、后单眼的内缘连线上。触角7节，第三、四节上具叉状感觉锥，锥伸达前节基部。前胸背板中部约有

图15　烟蓟马成虫

30根鬃，前外侧有1对鬃较粗，后外侧有1对鬃粗而长；后角2对鬃较其他鬃长。后胸背板有1对钟形感觉孔，位于背板后部，且间距小。中胸腹板内叉骨具长刺，后胸腹板内叉骨无刺。前翅前缘鬃28根；前脉基鬃7根，端鬃3根；后脉鬃14根。腹部第五至八背板两侧具微弯梳，第八背板后缘梳完整，梳毛细而排列均匀；第二背板侧缘各有纵排的4根鬃；第三至四背板鬃2比鬃3短而细。雄成虫与雌成虫相似，但较小而淡黄，腹部第八背板缺后缘梳；腹部第三至七腹板有横腺域。

为害症状：烟蓟马成虫、若虫在植物幼嫩部位吸食为害，叶片受害后常失绿而呈黄白色，甚至呈灼伤焦状，叶片不能正常伸展，扭曲变形，或者常留下褪色的条纹或片状银白色斑纹。花朵受害后常脱色，呈现不规则的白斑，严重的花瓣扭曲变形甚至腐烂。

生活习性：烟蓟马在广东、海南、台湾、广西、福建等地年发生20 ~ 21代；在上海、云南、江西、浙江、湖北、湖南等地区年可发生14 ~ 16代；在北方年可发生8 ~ 12代。以成虫潜伏在土块、土缝下或枯枝落叶间越冬，少数以若虫越冬。每年4月开始活动，5 ~ 9月进入发生为害高峰期，以秋季最为严重。初羽化的成虫具有向上、喜嫩绿的习性，且特别活跃，能飞善跳，行动敏捷，以后则畏强光，白天阳光充足时，成虫多隐蔽于花木、作物生长点或花蕾处取食，少数在叶背为害。雌成虫有孤雌生殖能力，卵散产于植物叶肉组织内，平均温度26.9℃、平均湿度82.7%时，卵期为3.3～5.2天，一至二龄若虫3.5～5天，三至四龄若虫3.7～6天，成虫寿命25～53天。温湿度对烟蓟马生长发育有显著影响，其生长发育最适温度范围为25～30℃，暖冬有利于其发生。

（3）西花蓟马。又称苜蓿蓟马。该虫原产于北美洲，1955年首先在夏威夷考艾岛被发现，曾是美国加利福尼亚州最常见的一种蓟马。自20世纪80年代后，成为强势种，对不同环境和杀虫剂抗性增强，因此逐渐向外扩展，迄今，西花蓟马分布区域遍及美洲、欧洲、亚洲、非洲、大洋洲。

形态特征：雄成虫体长0.9～1.1毫米，雌成虫略大，长1.3～1.4毫米。触角8节，第二节顶点简单，第三节突起简单或外形轻微扭曲。虫体颜色从红黄色到棕褐色，腹节黄色，通常有灰色边缘。腹部第八节有梳状毛。头、胸两侧常有灰斑。眼前刚毛和眼后刚毛等长。前缘和后角刚毛发育完全，几乎等长。翅发育完全，边缘有灰色至黑色缨毛，在翅折叠时，可在腹中部下端形成一条黑线。翅上有两列刚毛。冬天的种群体色较深。卵长0.2毫米，白色，肾形。若虫黄色，眼浅红。与近似种威廉斯花蓟马的区别在于威廉斯花蓟马的雌虫身体上的刚毛黄色比西花蓟马淡。

为害症状：该虫以锉吸式口器取食植物的茎、叶、花、果，导致花瓣退色、叶片皱缩、茎和果形成伤疤，最终可能使植株枯萎，同时还传播番茄斑萎病毒在内的多种病毒。据了解，该虫曾导致美国夏威夷的番茄减产50% ~ 90%。

生活习性：食性杂，目前已知寄主植物多达500余种，主要有李、桃、苹果、葡萄、草莓、茄子、辣椒、叶用莴苣、番茄、兰花、菊花等，随着西花蓟马不断扩散蔓延，其寄主种类一直在持续增加。依据西花蓟马的生活习性分析，在其分布区内，几乎所有观赏类花卉均有夹带西花蓟马的可能。对于不同种类的寄主植物，西花蓟马虽在喜好程度上有差别，但均能生存且具有一定的繁殖能力。西花蓟马繁殖能力很强，个体细小，极具隐匿性，一般田间防治难以有效控制。在温室内的稳定温度下，一年可连续发生12 ~ 15代，雌虫营两性生殖和孤雌生殖。在15 ~ 35℃均能发育，从卵到成虫只需14天；27.2℃产卵最多，一只雌虫可产卵229个，在一般的寄主植物上，发育迅速，且繁殖能力极强。

2.防治方法

（1）农业防治。实行1 ~ 2年轮作，蓟马主要为害瓜果类、豆类和茄果类蔬菜，种植这些蔬菜最好能与白菜、甘蓝等蔬菜轮作，可使蓟马若虫找不到适宜寄主而死亡，降低田间虫口密度。种植前彻底清除田间植株残体，翻地浇水，减少田间虫源。生长期增加中耕和浇水次数，抑制害虫发生和繁殖。保护地育苗，采用营养土育苗或穴盘育苗。适时定植，避开蓟马的为害高峰，进行地膜覆盖。

（2）物理防治。利用成虫趋蓝色、黄色的习性，在棚内设置蓝板、黄板诱杀成虫。在自然界中，蓟马通过嗅觉对某种化合物有特殊的趋性，因此可将这些化合物加在色板上，引蓟马成虫至诱捕器，并杀死这些成虫，从而降低田间虫口密度，以利于防治。目前市场上新出的蓝板+性诱剂产品诱杀效果强，使用时撕去粘虫板上的离型纸，把微管诱芯用钉书机钉在蓝板上，并用剪刀剪开其中一端封口，把蓝板插在田间，蓝板离叶面10～15厘米，每亩15～20片，色板粘满虫时，需及时更换。蓟马若虫有落土化蛹习性，用地膜覆盖地面，可减少蛹的数量。

（3）生物防治。蓟马的天敌主要有小花蝽、猎蝽、捕食螨、寄生蜂等，可引进天敌来防治蓟马。利用捕食螨对不同生活阶段的蓟马，如叶片上的蓟马初孵若虫、落入土壤中的老熟幼虫、预蛹及蛹的捕食作用而达到抑害和控害目的，是安全持效的蓟马防控措施。蓟马的天敌捕食螨的本土种类主要有巴氏钝绥螨、剑毛帕厉螨等。

巴氏钝绥螨适用于黄瓜、辣椒、茄子、菜豆、草莓等，在15～32℃、相对湿度大于60%条件下防治蓟马、叶螨，兼治茶黄螨、线虫等。剑毛帕厉螨，适用于所有被蕈蚊或蓟马为害的作物，适宜于20～30℃、潮湿的土壤中使用，可捕食蕈蚊幼虫、蓟马蛹、蓟马幼虫、线虫、叶螨、跳甲、粉蚧等，在作物上刚发现蓟马或作物定植后不久释放效果最佳。

严重时2 ～ 3周后再释放1次。对于剑毛帕厉螨来说，应在新种植的作物定植后的1 ～ 2周释放捕食螨，经2 ～ 3周后再次释放捕食螨。

对已种植区或预使用的种植介质中可以随时释放捕食螨，至少每2 ～ 3周再释放1次。用于预防性释放时，每平方米释放50 ～ 150头；用于防治性释放时，每平方米释放250 ～ 500头。巴氏钝绥螨可每1 ～ 2周释放1次。巴氏钝绥螨可挂放在植物的中部或均匀撒到植物叶片上。剑毛帕厉螨释放前旋转包装容器用于混匀包装容器内的剑毛帕厉螨，然后将培养料撒于植物根部的土壤表面。

（4）药剂防治。蓟马初生期一般在作物定植以后到第一批花盛开的时间内，应在育苗棚室内的蔬菜幼苗定植前和定植后的蓟马发生为害期选用2.5%多杀霉素悬浮剂500倍液喷雾防治，7 ～ 10天喷1次，共2 ～ 3次，可减少后期蓟马为害。

在幼苗期、花芽分化期，发现蓟马为害时，防治要特别细致，地上地下同时进行，地上部分喷药重点部位是花器、叶背、嫩叶和幼芽等，地下部分可结合浇水冲施能杀灭蓟马的农药，以消灭地下的若虫和蛹。可选用2.5%多杀霉素水乳剂70 ～ 100克/升兑水60升喷雾，或0.36%苦参碱水剂400倍液等喷雾防治，每隔5 ～ 7天喷1次，连续喷施3 ～ 4次。兑药时适量加入中性洗衣粉或其他展着剂、渗透剂，可增强药液的展着性。

（五）蛾蝶类害虫

1.识别特征

（1）菜粉蝶。别名菜白蝶，幼虫又称菜青虫。菜粉蝶属完全变态发育。主要寄生在十字花科、菊科、旋花科等9科植物上，主要为害十字花科蔬菜，芥蓝、甘蓝、花椰菜等受害比较严重。

形态特征：成虫体长12～20毫米，翅展45～55毫米，虫体黑色，胸部密被白色及灰黑色长毛，翅白色（图16）。雌虫前翅前缘和基部大部分为黑色，顶角有1个大三角形黑斑，中室外侧有2个黑色圆斑，前后并列，其下方还有1条向翅基延伸的黑带。后翅基部灰黑色，前缘有1个黑斑，翅展开时与前翅后方的黑斑相连接。雄虫翅面的黑色部分较小，无黑带。常有雌雄二型，更有季节二型的现象。随着生活环境的不同其色泽有深有浅，斑纹有大有小，通常高温下生长的个体，翅面上的黑斑色深显著而翅里的黄鳞色泽鲜

图16　菜粉蝶成虫及生活史

艳，反之在低温条件下生长的个体则黑鳞少而斑型小或完全消失。卵竖立呈瓶状，高约1毫米，初产时淡黄色，后变为橙黄色。菜青虫是菜粉蝶的幼虫。幼虫共5龄，幼虫初孵化时灰黄色，后变青绿色，末龄幼虫体长28 ～ 35毫米，体圆筒状，中段较肥大，背部有1条不明显的断续黄色纵线，气门线黄色，每节的线上有2个黄斑。密布细小黑色毛瘤，各体节有4 ～ 5条横皱纹。蛹长18 ～ 21毫米，纺锤形，体色有绿色、淡褐色、灰黄色等；背部有3条纵隆线和3个角状突起。

为害症状：幼虫咬食寄主叶片，二龄前仅啃食叶肉，留下一层透明表皮，三龄后蚕食叶片成孔洞或缺刻，严重时叶片全部被吃光，只残留粗叶脉和叶柄，易引起白菜软腐病流行。菜青虫取食时，边取食边排出粪便污染。幼虫共5龄，三龄前多在叶背为害，三龄后转至叶面蚕食，四至五龄幼虫的取食量占整个幼虫期取食量的97%。

生活习性：菜粉蝶成虫白天活动，晴天中午更活跃。成虫多产卵于叶背面，偶有产于正面。散产，每次只产1粒，每头雌虫一生平均产卵百余粒，以越冬代和第一代成虫产卵量较大。初孵幼虫先取食卵壳，然后再取食叶片。一至二龄幼虫有吐丝下坠习性，幼虫行动迟缓，大龄幼虫有假死性，当受惊后可蜷缩身体坠地。幼虫老熟时爬至隐蔽处，先分泌黏液将臀足粘住固定，然后吐丝将身体缠住，再化蛹。菜粉蝶发育最适温度为20 ～ 25℃，相对湿度76%左右。在适宜条件下，卵期4 ～ 8天，幼虫期11 ～ 22天，蛹期约10天（越冬蛹除外），成虫期约5天。

（2）小菜蛾。别名小青虫、两头尖。世界性迁飞害虫，主要为害甘蓝、紫甘蓝、青花菜、薹菜、芥菜、花椰菜、白菜、油菜、萝卜等十字花科植物。

形态特征：成虫体长6～7毫米，翅展12～16毫米，前后翅细长，缘毛很长，前后翅缘呈黄白色三度曲折的波浪纹，两翅合拢时呈3个连接的菱形斑，前翅缘毛长并翘起如鸡尾，触角丝状，褐色有白纹，静止时向前伸。雌虫较雄虫肥大，腹部末端圆筒状，雄虫腹末圆锥形，抱握器微张开。卵椭圆形，稍扁平，长约0.5毫米，宽约0.3毫米，初产时淡黄色，有光泽，卵壳表面光滑。初孵幼虫深褐色，后变为绿色。末龄幼虫体长10～12毫米，纺锤形，体节明显，腹部第四至五节膨大，雄虫可见1对睾丸。虫体上生稀疏长而黑的刚毛。头部黄褐色，前胸背板上有淡褐色无毛的小点组成两个U形纹。臀足向后伸超过腹部末端，腹足趾钩单序缺环。幼虫较活泼，触之则激烈扭动并后退。蛹长5～8毫米，黄绿至灰褐色，外被丝茧极薄如网，两端通透（图17）。

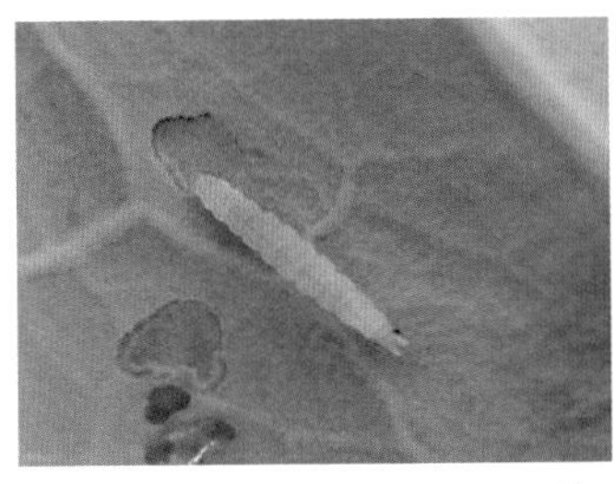
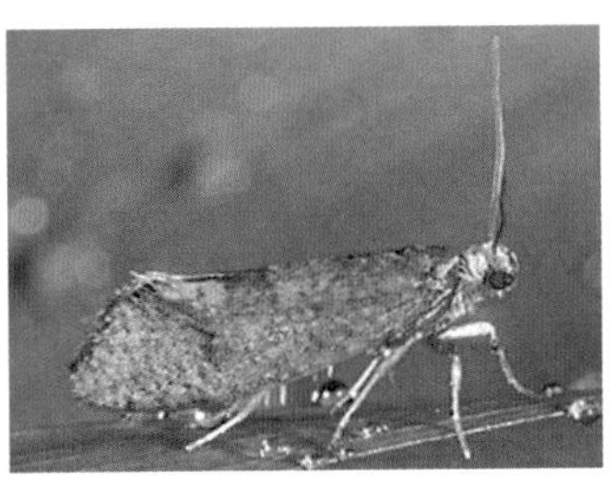

图17　小菜蛾幼虫与成虫

为害症状：初龄幼虫仅取食叶肉，留下表皮，在菜叶上形成一个个透明的斑，即“开天窗”，三至四龄幼虫可将菜叶吃成孔洞和缺刻，严重时全叶被吃成网状。在苗期常集中心叶为害，影响包心。在留种株上，危害嫩茎、幼荚和籽粒。

生活习性：幼虫、蛹、成虫各虫态均可越冬、越夏，无滞育现象。全年发生为害，明显呈两次高峰，第一次在5月中旬至6月下旬；第二次在8月下旬至10月下旬（正值十字花科蔬菜大面积栽培季节）。一般年份秋害重于春害。小菜蛾的发育适温为20～30℃，在两个盛发期内完成一代约20天。

（3）甜菜夜蛾。俗称白菜褐夜蛾，属于鳞翅目夜蛾科，是一种世界性分布、间歇性大发生的以为害蔬菜为主的杂食性害虫。对大葱、甘蓝、大白菜、芹菜、胡萝卜、芦笋、蕹菜、苋菜、辣椒、豇豆、花椰菜、茄子、芥蓝、番茄、菜心、小白菜、青花菜、菠菜、萝卜等蔬菜都有危害。

形态特征：成虫体长10～14毫米，翅展25～34毫米。虫体灰褐色。前翅中央近前缘外方有肾形斑1个，内方有圆形斑1个。后翅银白色。卵圆馒头形，白色，表面有放射状的隆起线。幼虫体长约22毫米。体色变化很大，有绿色、暗绿色至黑褐色。腹部体侧气门下线为明显的黄白色纵带，有的带粉红色，带的末端直达腹部末端，不弯到臀足上去。蛹体长10毫米左右，黄褐色（图18）。

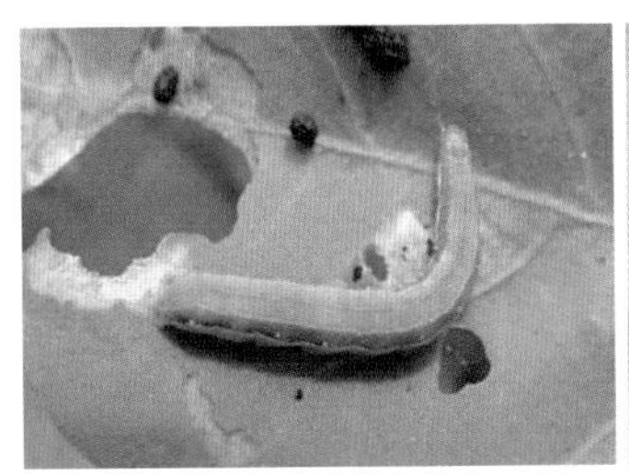

图18　甜菜夜蛾幼虫及成虫

为害症状：严重时，可吃光叶肉，仅留叶脉，甚至剥食茎秆皮层。

生活习性：幼虫可成群迁移，稍受震扰吐丝坠地，有假死性。三至四龄后，白天潜于植株下部或土缝，傍晚移出取食为害。一年发生6～8代，7～8月发生多，高温、干旱年份更多，常和斜纹夜蛾混发，对叶菜类威胁甚大。

（4）斜纹夜蛾。农作物害虫，世界性分布。中国除青海、新疆未明外，其他各地都有发现。

形态特征：成虫体长14～20毫米，翅展35～46毫米，虫体暗褐色，胸部背面有白色丛毛，前翅灰褐色，花纹多，内横线和外横线白色、呈波浪状、中间有明显的白色斜阔带纹。卵扁平半球状，初产黄白色，后变为暗灰色，块状黏合在一起，上覆黄褐色绒毛。幼虫体长33～50毫米，头部黑褐色，胸部多变，从土黄色到黑绿色都有，体表散生小白点，从中胸至腹部第九腹节亚背线内侧有近似三角形的半月黑斑一对。蛹长15～20毫米，圆筒状，红褐色，尾部有一对短刺（图19）。

图19　斜纹夜蛾幼虫与成虫

为害症状：幼虫取食甘薯、棉花、田菁、大豆、烟草、甜菜、十字花科和茄科蔬菜等近300种植物的叶片，间歇性猖獗为害。

生活习性：斜纹夜蛾是一类杂食性和暴食性害虫，寄主相当广泛，除十字花科蔬菜外，还可危害包括瓜、茄、豆、葱、韭菜、菠菜以及粮食、经济作物在内的近100科、300多种植物。幼虫咬食叶片、花蕾、花及果实，初龄幼虫啮食叶片下表皮及叶肉，仅留上表皮呈透明斑；四龄以后进入暴食期，咬食叶片，仅留主脉。在包心叶菜上，幼虫还可钻入叶球内为害，把内部吃空，并排泄粪便，造成污染，使其产品质量降低乃至失去商品价值。

（5）小地老虎。又名土蚕，切根虫。经历卵、幼虫、蛹、成虫四个阶段。年发生代数因各地气候不同而异，越往南年发生代数越多，以降水量充沛、气候湿润的长江中下游和东南沿海及北方的低洼内涝地区或灌区发生比较严重；在长江以南以蛹及幼虫越冬，适宜生存温度为15 ~ 25℃。天敌有知更鸟、鸦雀属、蟾蜍、鼬鼠、步行虫、寄生蝇、寄生蜂及细菌、真菌等。对农作物、林木幼苗危害很大，轻则造成缺苗断垄，重则毁种重播。

形态特征：卵馒头形，直径约0.5毫米、高约0.3毫米，具纵横隆线。初产乳白色，渐变黄色，孵化前卵一顶端具黑点。蛹体长18 ~ 24毫米、宽6 ~ 7.5毫米，赤褐色有光泽。口器与翅芽末端相齐，均伸达第四腹节后缘。腹部第四至七节背面前缘中央深褐色，且有粗大的刻点，两侧的细小刻点延伸至气门附近，第五至七节腹面前缘也有细小刻点；腹末端具短臀棘1对。幼虫圆筒状，老熟幼虫体长37 ~ 50毫米、宽5 ~ 6毫米。头部褐色，具黑褐色不规则网纹；体灰褐色至暗褐色，体表粗糙、布满大小不一且彼此分离的颗粒，背线、亚背线及气门线均黑褐色；前胸背板暗褐色，黄褐色臀板上具两条明显的深褐色纵带；腹部第一至八节背面各节上均有4个毛片，后两个比前两个大1倍以上；胸足与腹足黄褐色。成虫体长17 ~ 23毫米、翅展40 ~ 54毫米。头、胸部背面暗褐色，足褐色，前足胫、跗节外缘灰褐色，中后足各节末端有灰褐色环纹。前翅褐色，前缘区黑褐色，外缘以内多暗褐色；基线浅褐色，黑色波浪形内横线双线，黑色环纹内有一圆灰斑，肾状纹黑色具黑边、其外中部有一楔形黑纹伸至外横线，中横线暗褐色波浪形，双线波浪形外横线褐色，不规则锯齿形亚外缘线灰色、其内缘在中脉间有3个尖齿，亚外缘线与外横线间在各脉上有小黑点，外缘线黑色，外横线与亚外缘线间淡褐色，亚外缘线以外黑褐色。后翅灰白色，纵脉及缘线褐色，腹部背面灰色（图20）。

图20　小地老虎成虫、幼虫

为害症状：幼虫共分6龄，其不同阶段危害习性表现不同，一至二龄幼虫均可群集于幼苗顶心嫩叶处，昼夜取食，这时食量很小，危害也不十分显著；三龄后分散，幼虫行动敏捷、有假死习性、对光线极为敏感、受到惊扰即蜷缩成团，白天潜伏于表土的干湿层之间，夜晚出土从地面将幼苗植株咬断拖入土穴或咬食未出土的种子，幼苗主茎硬化后改食嫩叶及生长点，食物不足或寻找越冬场所时有迁移现象；五、六龄幼虫食量大增，每条幼虫一夜能咬断菜苗4～5株，多的达10株以上。幼虫三龄后对药剂的抵抗力显著增强，因此药剂防治一定要掌握在三龄以前。3月底到4月中旬是第一代幼虫为害严重的时期。

生活习性：小地老虎一年发生3～4代，老熟幼虫或蛹在土内越冬。早春3月上旬成虫开始出现，一般在3月中、下旬和4月上、中旬会出现两个发蛾盛期。成虫的活动和温度有关，白天不活动，傍晚至前半夜活动最盛，在春季夜间温度达8℃以上时即有成虫出现，但10℃以上时数量较多、活动较强；喜欢吃酸、甜、酒味的发酵物以及泡桐叶和各种花蜜，有趋光性，对普通灯光趋性不强，对黑光灯极为敏感，有强烈的趋化性。具有远距离南北迁飞习性，春季由低纬度向高纬度、由低海拔向高海拔迁飞，秋季则沿着相反方向飞回南方，微风有助于其扩散，风力在4级以上时很少活动。

(6) 瓜绢螟。又名瓜螟、瓜野螟，主要危害葫芦科各种瓜类及番茄、茄子等蔬菜。

形态特征：成虫体长11毫米，头、胸黑色，腹部白色，第一、七、八节末端有黄褐色毛丛。前、后翅白色透明，略带紫色，前翅前缘和外缘、后翅外缘呈黑色宽带。卵扁平，椭圆形，淡黄色，表面有网纹。末龄幼虫体长23 ~ 26毫米，头部、前胸背板淡褐色，胸腹部草绿色，亚背线呈两条较宽的乳白色纵带，气门黑色。蛹长约14毫米，深褐色，外被薄茧（图21）。

图21　瓜绢螟成虫、幼虫

为害症状：幼龄幼虫在叶背取食叶肉，出现灰白斑。三龄后吐丝将叶或嫩梢缀合，匿居其中取食，使叶片穿孔或缺刻，严重仅留叶脉。幼虫常蛀入瓜内，影响其产量和质量。

生活习性：在广东一年发生6代，以老熟幼虫或蛹在枯叶或表土越冬，第二年4月底羽化，5月幼虫为害。7～9月发生数量多，世代重叠，危害严重。11月后进入越冬期。成虫夜间活动，稍有趋光性，雌蛾在叶背产卵。幼虫三龄后卷叶取食，蛹化于卷叶或落叶中。

(7) 菜螟。又称菜心野螟、萝卜螟、甘蓝螟、白菜螟、吃心虫、钻心虫、剜心虫等。

形态特征：成虫为褐色至黄褐色的小型蛾子。体长约7毫米，翅展16～20毫米；前翅有3条波浪状灰白色横纹和1个黑色肾形斑，斑外围有灰白色晕圈。老熟幼虫体长约12毫米，黄白色至黄绿色，背上有5条灰褐色纵纹（背线、亚背线和气门上线），体节上还有毛瘤，中后胸背上毛瘤单行横排各12个，腹末节毛瘤双行横排，前排8个，后排2个（图22）。

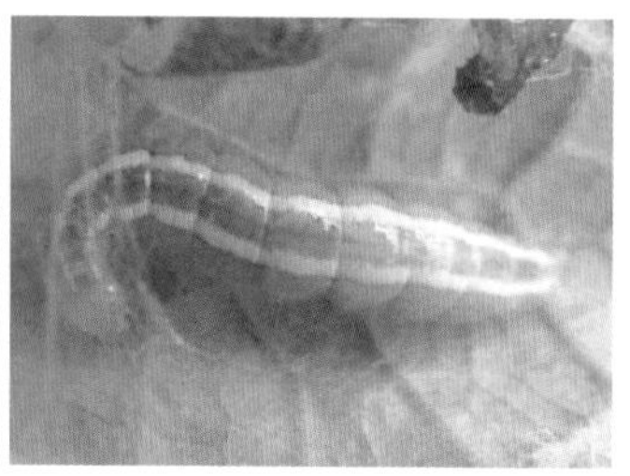

图22　菜螟成虫、幼虫

为害症状：以初龄幼虫蛀食幼苗心叶，吐丝结网，轻则影响幼苗生长，重者可致幼苗枯死，造成缺苗断垄；高龄幼虫除取食心叶外，还可蛀食茎髓和根部，并可传播细菌软腐病，导致菜株腐烂死亡。

生活习性：该虫年发生3～9代（其中华北3代，华南9代），多以幼虫吐丝缀土粒或枯叶做丝囊越冬，少数以蛹越冬。在广州地区，该虫整年皆可发生，无明显越冬现象。但常年以处暑（8月下旬）至秋分（9月下旬）期间发生数量最多，此时以花椰菜（花蕾形成前）受害较重；9～11月以萝卜特别是早播萝卜受害重；白菜类4～11月均受害较重。如果秋季高温干燥则有利于菜螟发生，如果菜苗处于2～4叶期则受害更重。成虫昼伏夜出，稍具趋光性，于叶、茎上分散产卵，尤以心叶着卵量最多。初孵幼虫潜叶为害，三龄吐丝缀合心叶，藏身其中取食为害，四至五龄可由心叶、叶柄蛀入茎髓为害。幼虫有吐丝下坠及转叶为害习性。老熟幼虫多在菜根附近土面或土内作茧化蛹。

（8）棉铃虫。棉铃虫不仅为害棉花，还为害蔬菜。广泛分布在中国及世界各地，中国棉区和蔬菜种植区均有发生。寄主植物有20多科200余种。

形态特征：成虫为灰褐色中型蛾，体长15～20毫米，翅展31～40毫米，复眼球形、绿色（近缘种烟青虫复眼黑色）。雌蛾赤褐色至灰褐色，雄蛾青灰色。棉铃虫的前后翅可作为夜蛾科成虫的模式。其前翅外横线外有深灰色宽带，带上有7个小白点，肾纹、环纹暗褐色；后翅灰白色，沿外缘有黑褐色宽带，宽带中央有2个相连的白斑，后翅前缘有1个月牙形褐色斑。卵半球形，高0.52毫米，直径0.46毫米，顶部微隆起；表面布满纵横纹，纵纹从顶部看有12条，中部2纵纹之间夹有1～2条短纹且多2～3个分支，所以从中部看有26～29条纵纹。幼虫共有6龄，有时五龄取食豌豆苗、向日葵花盘，老熟六龄虫长40～50毫米，头黄褐色有不明显的斑纹。幼虫体色多变，分4个类型：体色淡红，背线亚背线褐色，气门线白色，毛突黑色；体色黄白，背线、亚背线淡绿，气门线白色，毛突与体色相同；体色淡绿，背线、亚背线不明显，气门线白色，毛突与体色相同；体色深绿，背线、亚背线不太明显，气门淡黄色。气门上方有一褐色纵带，是由尖锐微刺排列而成（烟青虫的微刺钝圆，不排成线）。幼虫腹部第一、二、五节各有2个毛突特别明显。蛹长17～20毫米，纺锤形，赤褐色至黑褐色，腹末有一对臀棘，其基部分开。气门较大，围孔片呈筒状，突起较高，腹部第五至七节的点刻半圆形，较粗而稀（烟青虫气门小，臀棘的基部合拢，围孔片不高，第五至七节的点刻细密，有半圆形的也有圆形的）。入土化蛹，外被土茧。

为害症状：棉铃虫在棉花蕾铃期为害，主要蛀食蕾、花、铃，也取食嫩叶。幼虫蛀食番茄植株的蕾、花、果，偶也蛀茎，并且为害嫩茎、叶和芽。但主要为害形式是蛀果，棉铃虫是番茄的主要害虫。蕾受害后，苞叶张开，变成黄绿色，2～3天后脱落。幼果常被吃空或引起腐烂而脱落，成熟果虽然只被蛀食部分果肉，但因蛀孔在蒂部，雨水、病菌易侵入引起腐烂、脱落，造成严重减产（图23）。

图23　棉铃虫幼虫为害棉铃及番茄

生活习性：棉铃虫在华南地区每年发生6代，以蛹在寄主根际附近土中越冬。翌年春季陆续羽化并产卵。第一代多在番茄、豌豆等作物上为害。第二代以后在田间有世代重叠现象。成虫白天栖息在叶背或隐蔽处，黄昏开始活动，吸取植物花蜜补充营养，飞行能力强，有趋光性，产卵时有强烈的趋嫩性。成虫于夜间交配产卵，95%的卵散产于番茄植株的顶部至第四复叶层的嫩梢、嫩叶、果萼、茎基上，每雌产卵100 ~ 200粒。在不同温度下卵的发育历期不同，15℃为6 ~ 14天，20℃为5 ~ 9天，25℃为4天，30℃为2天。初孵幼虫仅能将嫩叶尖及花蕾啃食成凹点，一般三龄开始蛀果，四至五龄转果蛀食频繁，六龄时相对减弱。早期幼虫喜食青果，近老熟时则喜食成熟果及嫩叶。一头幼虫可为害3 ~ 5果，最多为害

8果，蛀果数随番茄青果密度及降水量而变化。幼虫共6龄，在不同温度下发育历期不用，20℃为31天，25℃为22.7天，30℃为17.4天。老熟幼虫在3 ~ 9厘米表土层筑土室化蛹，预蛹期约3天，不同温度下蛹的发育历期不同，20℃为28天，25℃为18天，28℃为13.6天，30℃为9.6天。棉铃虫属喜温喜湿性害虫，成虫产卵适温在23℃以上，20℃以下很少产卵；幼虫发育以25 ~ 28℃和相对湿度75% ~ 90%最为适宜。在北方尤以湿度的影响较为显著，当月降水量在100毫米以上、相对湿度在70%以上时棉铃虫为害严重。但雨水过多会造成土壤板结，不利于幼虫入土化蛹，同时蛹的死亡率也会增加；此外，暴雨可冲掉棉铃虫卵，对其也有抑制作用。成虫需在蜜源植物上取食作为补充营养，第一代成虫生长期与番茄、瓜类作物花期相遇，加之气温适宜，产卵量大增，使第二代棉铃虫成为危害最严重的世代。

（9）豆荚野螟。

形态特征：翅展24 ~ 26毫米。额黑褐色，两侧有白线条。下唇须基部及第二节下侧白色，其他黑褐色，第三节细长，触角细长，基部白色。胸腹部背面茶褐色，翅暗褐色。前翅中室内有1个带状白色透明斑。在中室内及中室下侧各有1个白色透明小斑。后翅白色，外缘暗褐色，中室内有1个黑点和1条黑色环纹及波纹状细线。双翅外缘线黑色，缘毛黑褐色有光泽，翅顶角下及后角处缘毛白色。

为害症状：初孵幼虫取食卵壳后很快从花瓣缝

隙或咬小孔钻入花器，蛀入花器形成虫苞。三龄以后幼虫主要为害豆荚，取食幼嫩种粒，荚内及蛀孔外堆积粪粒，并有转荚为害习性。受害豆荚味苦，不可食用，老熟幼虫多钻入土缝内作土室结茧化蛹，少数在植株上或豆架杆内化蛹（图24）。

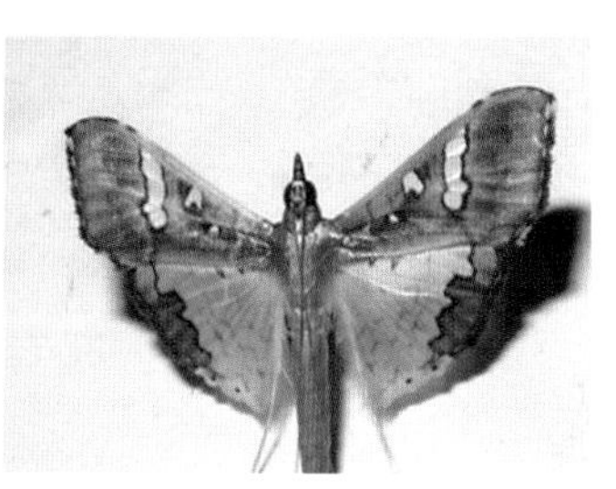

图24　豆荚野螟幼虫为害及成虫

2.防治方法

当小菜蛾等蛾蝶类害虫轻度发生时，农民往往不重视，发现危害严重时才施药防治，但由于小菜蛾等蛾蝶类害虫对农药的抗性较强，故难以控制。在生产上应综合防治。小菜蛾绿色防控方法有以下几种，可结合应用。

（1）农业防治。避免小范围内十字花科蔬菜的周年连作。蔬菜采收后及时清除田间落花、落荚，摘除被害的残株老叶或立即翻耕以减少虫源，结合田间管理将摘除的卵块和虫叶进行集中消灭。

（2）物理防治。合理利用蛾蝶类幼虫怕雨水的特点，在干旱时改浇水灌溉为喷灌方式，通过人工造雨措施可减轻小菜蛾的发生与危害。利用蛾蝶类成虫极强的趋光性和趋黄性，应用频振式杀虫灯和植物源诱剂黄色诱虫黏胶板诱杀成虫，减少田间卵量。

（3）性诱剂防治法。春季平均温度回升到15℃时起，在田间应用迷向型小菜蛾诱芯，可干扰小菜蛾成虫交配，减少田间有效卵量，控制其危害。每60米^{2}左右投放1个迷向型诱芯。诱芯的放置高度以略高于作物叶面为宜，每60～80天换1次诱芯，防治效果可达45%～60%。另外，也可使用专性的性诱剂防治蛾蝶类害虫，在蛾峰期及田间始见卵时用药剂防治，可得到良好的防治效果，该方法对天敌安全，不影响菜田生态平衡，较单一药剂防治可减少施药次数降低农药残留，具有保护生态环境的优点。商业产品小菜蛾性信息素诱捕器（板）包括黄板小菜蛾PVC微管诱芯、小菜蛾性信息素船形诱捕器+诱芯两种类型，使用时每亩用诱捕器3套，悬挂于高出作物表面20厘米处，每4～6周需要更换诱芯，以外围密、中间稀的原则悬挂。定期检查黏胶板，粘满的黏胶板需要更换。用性诱剂防治时宜连片使用，适当缩减药盆之间的距离，并与田间查卵相结合，掌握好药剂防治时间。

（4）微生物农药防治。在低龄幼虫发生高峰期，选高含量苏云金杆菌菌粉8 000～16 000国际单位，每亩用量100～200克或500～1 000倍液，喷雾。乳剂每亩用量250～400毫升或300～500倍液，喷雾。施用时注意温度，适合的温度为20～28℃，避免在高温与低温下施用。适量添加0.1%的洗衣粉，可增强防治效果。

还可选用70亿个活孢子/克白僵菌粉剂750倍液，或0.3%印楝素乳油800 ~ 1 000倍液、2.5%鱼藤酮乳油750倍液、2%苦参碱水剂2 500 ~ 3 000倍液、0.5%藜芦碱醇溶液800 ~ 1 000倍液、0.65%茴蒿素水剂400 ~ 500倍液、绿僵菌菌粉兑水稀释成每毫升含活孢子0.05亿～ 0.1亿个的菌液等生物农药喷雾防治。

（5）应用病毒制剂防治。如小菜蛾颗粒体病毒可防治小菜蛾、菜青虫、银纹夜蛾等。对于对化学农药、苏云金杆菌等已产生抗性的小菜蛾具有明显的防治效果。防治十字花科蔬菜小菜蛾，可用40亿/克小菜蛾颗粒体病毒可湿性粉剂150 ~ 200克/亩，加水稀释成250 ~ 300倍液喷雾，遇雨补喷。也可每亩用300亿/毫升小菜蛾颗粒体病毒悬浮剂25 ~ 30毫升喷雾，根据作物大小可以适当增加用量。除杀菌剂农药外，病毒制剂还可与小剂量非碱性化学农药混合使用，具有增效作用，但不可与强碱性物质混用。

（6）应用天敌防治。注意田间保护赤眼蜂、姬蜂、茧蜂、寄蝇、步甲、小花蝽等天敌，能有效控制蛾蝶类害虫种群数量。

（六）甲虫类害虫

1.识别特征

（1）黄曲条跳甲。俗称狗虱虫、跳虱，简称跳甲，常为害叶菜类蔬菜，以甘蓝、花椰菜、白菜、菜蔓、萝卜、芜菁、油菜等十字花科蔬菜为主，也为害茄果类、瓜类、豆类蔬菜。

形态特征：成虫体长约2毫米，长椭圆形，黑色有光泽，前胸背板及鞘翅上有许多刻点，排成纵行(图25)。鞘翅中央有一黄色纵条，两端大，中部狭而弯曲，后足腿节膨大、善跳。卵长约0.3毫米，椭圆形，初产时淡黄色，后变乳白色。老熟幼虫体长4毫米，长圆筒状，尾部稍细，头部、前胸背板淡褐色，胸腹部黄白色，各节有不显著的肉瘤。蛹长约2毫米，椭圆形，乳白色，头部隐于前胸下面，翅芽和足达第五腹节，腹末有一对叉状突起。

图25　黄曲条跳甲成虫

为害症状：成虫食叶，以幼苗期最严重；在留种地主要为害花蕾和嫩荚。幼虫只为害菜根，蛀食根皮，咬断须根，使叶片萎蔫枯死。萝卜被害后呈现许多黑斑，最后整个变黑腐烂；白菜受害叶片变黑死亡并传播软腐病。

生活习性：黄曲条跳甲在我国北方一年发生3～5代，南方7～8代（上海6～7代）。在华南及福建漳州等地无越冬现象，可终年繁殖。在江浙一带以成虫在田间或沟边的落叶、杂草及土缝中越冬，越冬期间若气温回升到10℃以上，仍能出土在叶背取食为害。越冬成虫于3月中、下旬开始出蛰活动，在越冬蔬菜与春菜上取食活动，随着气温升高活动加强。4月上旬开始产卵，以后每月发生1代，因成虫寿命长，致使世代重叠，10～11月，第六至七代成虫先后蛰伏越冬。春季1、2代（5、6月）和秋季5、6代（9、10月）为主害代，为害严重，且春季为害重于秋季，盛夏高温季节为害较轻。

（2）马铃薯瓢虫。

形态特征：成虫体长7～8毫米，半球形，赤褐色，体背密生短毛，并有白色反光（图26）。前胸背板中央有一个较大的剑状纹，两侧各有2个黑色小

图26　马铃薯瓢虫成虫

斑（有时合并成1个）。两鞘翅各有14个黑色斑，鞘翅基部3个黑斑后面的4个斑不在一条直线上；两鞘翅合缝处有1～2对黑斑相连。卵子弹形，长约1.4毫米，初产时鲜黄色，后变黄褐色，卵块中卵粒排列较松散。幼虫老熟后体长9毫米，黄色，纺锤形，背面隆起，体背各节有黑色枝刺，枝刺基部有淡黑色环状纹。蛹长6毫米，椭圆形，淡黄色，背面有稀疏细毛及黑色斑纹，尾端包着末龄幼虫的蜕皮。

为害症状：成虫、幼虫在叶背剥食叶肉，仅留表皮，形成许多不规则半透明的细凹纹，状如箩底。也能将叶吃成孔状，甚至仅存叶脉。严重时受害叶片干枯、变褐甚至全株死亡。果实被啃食处常常破裂、组织变僵，粗糙、有苦味，不能食用。

生活习性：马铃薯瓢虫在东北、华北、山东等地每年发生2代，江苏发生3代。均以成虫在发生地附近的背风向阳的各种缝隙或隐蔽处群集越冬，树缝、树洞、石洞、篱笆下也都是良好的越冬场所。越冬成虫一般在日平均气温达16℃以上时开始活动，20℃则进入活动盛期，初活动成虫一般不飞翔，只在附近杂草上取食，5～6天才开始飞翔到周围马铃薯田间。成虫产卵于叶背，有假死性，受惊扰时常假死坠地，并分泌有特殊臭味的黄色液体。幼虫共4龄，老熟的幼虫在原株的叶背、茎或附近杂草上化蛹。影响马铃薯瓢虫发生的最重要因素是夏季高温，28℃以上卵即使孵化也不能发育至成虫，所以马铃薯瓢虫实际是北方的种群，夏季高温的南方地区没有分布。马铃薯瓢虫对马铃薯有较强的依赖性，其幼虫和成虫不取食马铃薯便不能正常发育和繁殖。成虫、幼虫取食叶片、果实和嫩茎，被害叶片仅留叶脉及上表皮，形成许多不规则透明的凹纹，后变为褐色斑痕，过多会导致叶片枯萎；被害果则被啃食成许多凹纹，逐渐变硬，并有苦味，失去商品价值。成虫早晚静伏，白天觅食、迁移、交配、产卵，尤以上午10时至下午4时最为活跃，下午2时左右在叶背取食，下午4时后转向叶面取食。越冬成虫多产卵于马铃薯苗基部叶背，20 ～ 30粒产在一起。越冬代每雌可产卵400粒左右，第一代每雌产卵240粒左右。成虫、幼虫都有残食同种卵的习性。成虫假死性强，并可分泌黄色黏液。

2.防治方法

防治黄曲条跳甲等甲虫类害虫，应以农业、物理、生物的方法为主。并根据虫害的发生发展规律适时用药，讲究用药方法才能又快又好地控制其发生和为害。此外，既要防治地上的成虫，又要特别注意防治地下的幼虫。

（1）农业防治。水旱轮作、与非十字花科蔬菜轮作或者与紫苏等芳香类蔬菜间作或套种。种植前对土壤进行翻晒、曝晒以杀卵杀菌。彻底清除菜地残株落叶，铲除杂草，消灭其越冬场所和食料基地。有条件的菜地，每茬收获后，菜地灌水一周左右再放干整地种植。播种前每亩施入生石灰100 ～ 150千克，然后深翻晒土，即可消灭幼虫和蛹。

（2）物理防治。在菜园边设防虫网或建立大棚，防止外来虫源迁入。利用成虫的趋光性，在菜畦上插黄板、白板或晚上开黑光灯以诱杀成虫。在菜畦上铺地膜，有效防止成虫躲藏和潜入土缝中产卵繁殖。黄曲条跳甲性信息素诱虫板（黄板+黄曲条跳甲PVC微管诱芯）可有效诱杀黄曲条跳甲。黄曲条跳甲对某种特殊的化合物有特殊的趋性，根据这种生物特性，采用仿生合成技术以及特殊的工艺手段生产出黄曲条跳甲信息素仿生合成化合物，将合成的这种特殊的仿生化合物添加到诱芯中，安装到诱虫板上，通过诱芯缓释至田间，将黄曲条跳甲成虫引诱至诱虫板上并将其捕杀，从而降低田间虫口基数，达到生态治理的目的。每亩安放15 ～ 20个诱虫板，悬挂至作物顶部10 ～ 15厘米处，定期观察诱虫板上的虫口，粘满后及时更换诱虫板。把诱芯别在黄板的小孔上，注意不要剪开诱芯的封口。

（3）生物防治。采用植物源杀虫剂烟草渣对土壤进行种前处理，可每亩用100亿坚强芽孢杆菌可湿性粉剂400 ～ 1 200克兑水浇灌根部，还可用球孢白僵菌、昆虫病原线虫等生物药剂对黄曲条跳甲虫体或虫卵进行防治，或用0.65%茴蒿素水剂500倍液、2.5%鱼藤酮乳油500倍液、1%印楝素乳油750倍液、3%苦参碱水剂800倍液等喷雾防治。

根据成虫的活动规律，有针对性地喷药，温度较高的季节，中午日照强，大多数成虫潜回土中，此时喷药收效甚微。可在7:00 ~ 8:00或17:00 ~ 18:00（尤以下午为好）喷药，此时成虫出土后活跃性较差，药效好。在冬季，上午10时左右和下午3:00 ~ 4:00成虫特别活跃，易受惊扰而四处逃窜，但中午常静伏于叶底午休，故冬季可在早上成虫刚出土时或中午、下午成虫活动处于疲劳状态时喷药。喷药时应从田块的四周向田块的中心喷雾，防止成虫跳至相邻田块，以提高防效。加大喷药量，务必喷匀叶片、喷湿土壤。喷药动作宜轻，勿惊扰成虫。配药时加少许优质洗衣粉，施药应严格遵循安全间隔期。

（七）蚊蝇类害虫

1.识别特征

（1）韭菜迟眼蕈蚊。属双翅目，眼蕈蚊科。主要危害韭菜、大葱、洋葱、小葱、大蒜等百合科蔬菜，偶尔也危害莴苣、青菜、芹菜等，分布于北京、天津、山东、山西、辽宁、江西、宁夏、内蒙古、浙江、台湾等地，是葱蒜类蔬菜的主要害虫之一。虫态有成虫、卵、幼虫、蛹，以幼虫聚集在韭菜下部的鳞茎和柔嫩的茎部为害。

形态特征：成虫体小，长2.0 ~ 5.5毫米、翅展约5毫米、体背黑褐色。复眼在头顶成细“眼桥”，触角丝状、16节，足细长、褐色，胫节末端有刺2根。前翅淡烟色，缘脉及亚前缘脉较粗，后翅退化为平衡棒。雄虫略瘦小，腹部较细长，末端有一对抱握器，雌虫腹末粗大，有分两节的尾须。卵椭圆形、白色，0.24毫米×0.17毫米。幼虫体细长，老熟时体长5～7毫米，头漆黑色有光泽，体白色，半透明，无足。蛹为裸蛹，初期黄白色，后转黄褐色，羽化前灰黑色，头铜黄色，有光泽（图27）。

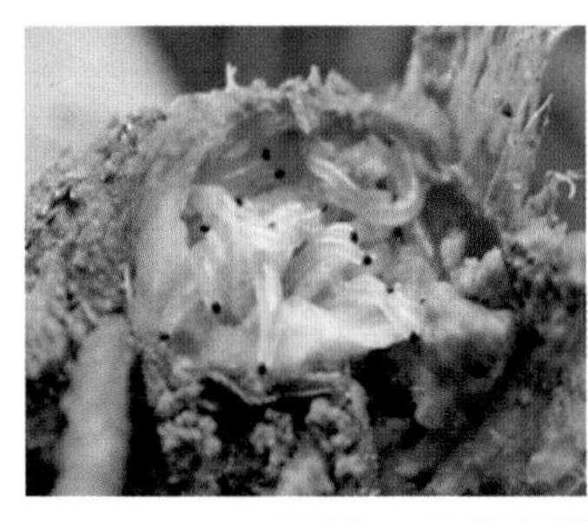

图27　韭菜迟眼蕈蚊幼虫、成虫

为害症状：初孵幼虫先为害韭菜叶鞘基部和鳞茎的上端。春、秋两季主要为害韭菜的幼茎引起腐烂，使韭叶枯黄然后死亡。夏季幼虫向下活动蛀入鳞茎，重者鳞茎腐烂，整墩韭菜死亡。

生活习性：韭菜迟眼蕈蚊年发生世代从天津到杭州4～6代不等。杭州一年发生6代，若晚秋气温偏高也出现第七代，一般12月中、下旬第六代幼虫在大葱、韭菜的地下根茎或鳞茎周围土中群集越冬，第二年2月下旬开始化蛹，3月上旬开始出现羽化成虫，3月中旬为羽化高峰，4月上旬为第一代幼虫发生高峰期，以后近一个月发生一代。韭菜迟眼蕈蚊成虫昼夜均能产卵，卵产于地表土块下或韭菜鳞茎和叶鞘内，大多块产，少数散产，产卵量100 ~ 300粒不等，一般200粒左右。幼虫有群集为害特征，一般在土下5 ~ 10厘米处活动，咬食鳞茎或地下茎叶，使植株枯萎死亡，老熟后在鳞茎或根部化蛹。一般在沙质土中危害重，成虫不善飞翔，所以呈现区域性发生，远距离传播往往由其植物产品如蒜头、泥韭、带土的葱等将虫卵、幼虫或蛹夹带至新发生地区。每年的4 ~ 6月和9 ~ 11月虫量最多，呈春、秋两个为害高峰，春、秋两季主要为害韭菜的幼茎引起腐烂，严重的使韭叶枯黄而死。夏季7 ~ 8月，因幼虫不耐高温干旱和暴雨，故在31℃时滞育，特别是在沙质土中，土壤受阳光照射升温快，而暴雨又易使土壤板结，均不适于幼虫生长发育，所以田间虫量少，危害也轻。韭菜迟眼蕈蚊属喜温性害虫，抗高温、干旱和暴雨能力弱，幼虫发育最适气候条件为温度18 ~ 25℃、土壤含水量5% ~ 20%，因此长江流域盛发期为春季4 ~ 6月、秋季9 ~ 11月。在25℃时，卵历期2.5天，幼虫历期10.5天，蛹历期1.5天。

（2）瓜实蝇。别名黄蜂子、针蜂等，幼虫称为瓜蛆，属双翅目实蝇科。

形态特征：瓜实蝇成虫体长8 ~ 9毫米，翅展16 ~ 18毫米。褐色，额狭窄，两侧平行，宽度为头宽的1/4。前胸左右及中、后胸有黄色的纵带纹；腹部第一、二节背板全为淡黄色或棕色，无黑斑带，第三节基部有一黑色狭带，第四节起有黑色纵带纹。翅膜质透明，杂有暗黑色斑纹。腿节具有一个不完全的棕色环纹。卵细长，长约0.8毫米，一端稍尖，乳白色。老熟幼虫体长约10毫米，乳白色，蛆状，口钩黑色。蛹长约5毫米，黄褐色，圆筒状。

为害症状：成虫产卵管刺入幼瓜表皮内产卵，幼虫孵化后即在瓜内蛀食，受害的瓜先局部变黄，而后全瓜腐烂变臭，造成大量落瓜，即使不腐烂，刺伤处凝结着流胶、畸形下陷、果皮硬实、瓜味苦涩，严重影响瓜的品质和产量（图28）。

图28　瓜实蝇成虫及为害状

生活习性：在广州一年发生8代，世代重叠。以成虫在杂草上越冬。次年4月开始活动，以5～6月危害最重。成虫白天活动，夏季中午高温日照强时静伏于瓜棚或叶背，对糖、酒、醋及芳香物质有趋性。雌虫产卵于嫩瓜内，每次产几粒至十余粒，每雌可产数十粒至百余粒，幼虫孵化后即在瓜内取食，将瓜蛀食成蜂窝状，以致腐烂、脱落。老熟幼虫在瓜落前或瓜落后弹跳落地，钻入表土层化蛹。

（3）美洲斑潜蝇。又称蔬菜斑潜蝇、蛇形斑潜蝇、甘蓝斑潜蝇。

形态特征：成虫小，体长1.3 ～ 2.3毫米，浅灰黑色，胸背板亮黑色，腹面黄色，雌虫虫体比雄虫大。卵米色，半透明。幼虫蛆状，初无色，后变为浅橙黄色至橙黄色，长3毫米。蛹椭圆形，橙黄色，腹面稍扁平。

美洲斑潜蝇形态与番茄斑潜蝇极相似。美洲斑潜蝇成虫胸背板亮黑色，外顶鬃常着生在黑色区上，内顶鬃着生在黄色区或黑色区上，蛹后气门三孔。而番茄斑潜蝇成虫内、外顶鬃均着生在黑色区，蛹后气门7 ～ 12孔。

为害症状：美洲斑潜蝇和南美斑潜蝇都以幼虫和成虫取食叶片，美洲斑潜蝇以幼虫取食叶片正面叶肉，形成先细后宽的蛇形弯曲或蛇形盘绕虫道，其内有交替排列整齐的黑色虫粪，老虫道后期呈棕色的干斑块区，一般一虫一道。南美斑潜蝇的幼虫主要取食背面叶肉，多从主脉基部开始为害，形成弯曲较宽（1.5 ～ 2毫米）的虫道，虫道沿叶脉伸展，但不受叶脉限制，可若干虫道连成一片形成取食斑，后期变枯黄。两种斑潜蝇成虫为害状基本相似，在叶片正面取食和产卵，刺伤叶片细胞，形成针尖大小的近圆形刺伤孔。刺伤孔初期呈浅绿色，后变白，肉眼可见。幼虫和成虫的危害可导致幼苗全株死亡，造成缺苗断垄；成株受害，可加速叶片脱落，引起果实日灼，造成减产。幼虫和成虫通过取食还可传播病害，特别是可传播某些病毒病，降低花卉观赏价值和叶菜类食用价值（图29）。

图29　美洲斑潜蝇为害状及成虫（Lyle J.Buss　摄）

生活习性：成虫具有趋光、趋绿和趋化性，对黄色趋性更强。有一定飞翔能力。成虫吸取植株叶片汁液；卵产于植物叶片叶肉中；初孵幼虫潜食叶肉，主要取食栅栏组织，并形成隧道，隧道端部略膨大；老龄幼虫咬破隧道的上表皮爬出隧道外化蛹。主要随寄主植物的叶片、茎蔓、鲜切花的调运而传播。

（4）南美斑潜蝇。别名斑潜蝇。1994年该虫随引进花卉进入我国云南昆明，从花卉苗圃场蔓延至农田。现云南、贵州、四川、青海、山东、河北、北京等已有为害蚕豆、豌豆、小麦、大麦、芹菜、烟草、花卉等的报道。是重点检疫对象。

形态特征：成虫翅长1.7 ～ 2.25毫米。中室较大。额明显突出于眼，橙黄色，上眶稍暗，内外顶鬃着生处暗色，上眶鬃2对，下眶鬃2对，颊长为眼高的1/3，中胸背板黑色稍亮。后角具黄斑，背中鬃2+1，中鬃散生呈不规则4行，中侧片下方1/2 ～ 3/4部甚至大部分黑色，仅上方黄色。足基节黄色具黑纹，腿节基本都为黄色但具黑色条纹直到几乎全黑色，胫节、跗节棕黑色。幼虫虫体白色，后气门突，具6～9个气孔开口。蛹初期呈黄色，逐渐加深直至呈深褐色，比美洲斑潜蝇颜色深且体型大。后气门突起与幼虫相似。

为害症状：成虫用产卵器把卵产在叶中，孵化后的幼虫在叶片上、下表皮之间沿叶脉潜食叶肉，食叶成透明空斑，造成幼苗枯死，破坏性极大。该虫幼虫还取食叶片下层的海绵组织，从叶面看潜道常不完整，区别于美洲斑潜蝇。

生活习性：据国外报道该虫适温为22℃，在滇中地区全年有两个发生高峰，即3～4月和10～11月。此期间平均气温11～16℃，最高不超过20℃，有利于该虫发生。5月气温升至30℃以上时，虫口密度下降，6～8月雨季虫量也较低，12月至翌年1月月平均气温7.5～8℃，最低温为1.4～2.6℃，该虫也能活动为害。滇北元谋一带年平均气温27.8℃，11月至翌年3月上、中旬期间平均气温17.6～21.8℃，最高气温低于30℃有利于其发生，3月中、下旬气温升至35℃以上时，虫量迅速下降，4月后进入炎夏高温多雨季节田间虫量很少，直至9月气温降低，虫量逐渐回升。此外与作物栽培情况有关。云南中部蚕豆老熟期，成虫大量转移到瓜类及马铃薯等作物上。在北京3月中旬南美斑潜蝇开始发生，6月中旬以前数量不多，以后虫口逐渐上升，7月1～7日达到最高虫量，后又下降，7月28日至11月10日虫口数量不高。该虫主要发生在6月中、下旬至7月中旬，占潜蝇总量的60%～90%，是这一时期田间潜蝇的优势种。该虫目前仅在少数地区发现，但危险性很大，应引起足够的重视。

（5）番茄斑潜蝇。别名蔬菜斑潜蝇，是番茄上的重要害虫，在全国温室蔬菜种植基地均有发生。

形态特征：成虫，翅长约2毫米，除复眼、单眼三角区，后头以及胸、腹背面大体黑色外，其余部分和小盾板基本黄色，成虫内、外顶鬃均着生在黄色区；卵米色，稍透明，大小（0.2～0.3）毫米×（0.1～0.15）毫米；幼虫为蛆状，初孵无色，渐变黄橙色，老熟时长约3毫米；蛹为卵形，腹面稍平，橙黄色，大小（1.7～2.3）毫米×（0.5～0.75）毫米，蛹后气门7～12孔（图30）。

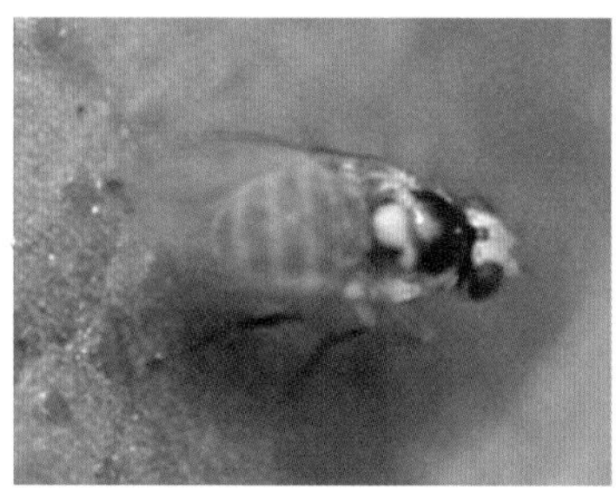
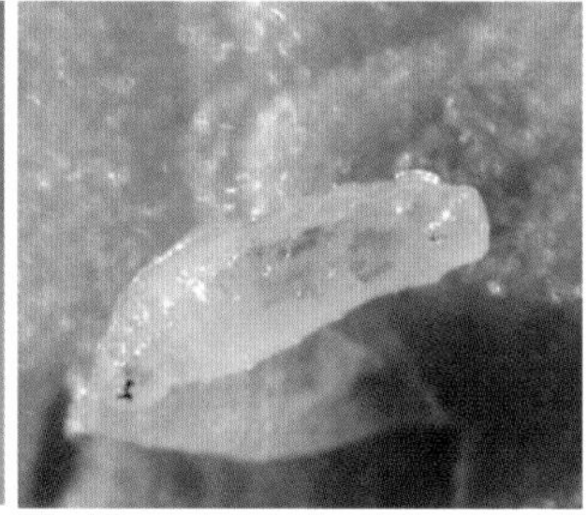

图30　番茄斑潜蝇成虫及幼虫

为害症状：幼虫孵化后潜食叶肉，呈曲折蜿蜒的食痕，苗期2～7叶受害多，严重的潜痕密布，导致叶片发黄、枯焦或脱落。虫道的终端变宽不明显，这是该虫与南美斑潜蝇、美洲斑潜蝇不同的一个特征（图31）。

图31 番茄斑潜蝇为害状

生活习性：在北京于3月中旬开始出现，5月12～19日出现第一个峰值，6月23日至7月1日出现第二个峰值，7月28日至8月18日无虫。9月15～22日出现最高峰，10月20日以后虫口数量下降。由此可知该虫在5月中旬至7月初及9月上、中旬至10月中旬有两个发生高峰期。该虫在台湾全年均发生，台湾凤山年发生25～26代，在甘蓝上主要有两次发生高峰期，第一次在3～6月，4月达到高峰；第二次高峰在10～12月，10月进入高峰，种群密度上半年高于下半年。7～9月为雨季发生少，4月和10月平均气温25～27℃，降水少适宜其发生。经试验15℃下成虫寿命10～14天，卵期13天左右，幼虫期9天左右，蛹期20天左右；30℃下成虫寿命5天，卵期4天，幼虫期5天左右，蛹期9天左右。幼虫老熟后咬破表皮在叶外或土表下化蛹，25℃条件下每雌产卵约183粒。该虫在甘蓝上多产卵于真叶上，基部叶片最多，偏喜于成熟的叶片上产卵，且由下向上较有规律，少部分产在子叶上。该虫在田间分布属扩散型，发生高峰期全田被害。

2.防治方法

（1）植物检疫。美洲斑潜蝇在国内分布虽广，但仍存在保护区。美洲斑潜蝇的卵、幼虫能随寄主叶片远距离传播，因此要加强虫情监测并进行严格的检疫，特别应重视在蔬菜集中产区、南菜北运基地、瓜菜调运集散地、花卉产地等地区实施严格检疫，防止该虫蔓延为害。严禁带叶片运输，带虫的材料应置于温室中3～4天，然后于0℃以下冷藏1～2周，以杀死幼虫。

（2）农业防治。①摘除虫叶。当虫量极少时捏杀叶内活动的幼虫或结合栽培管理人工摘除呈白纸状的被害叶，化蛹高峰（50%）后一两天内搜集清除叶面及地面上的蛹集中销毁。②培育无虫苗。通风口用20～25目尼龙纱网罩住，并应深翻土壤，埋住土面上的蛹粒，使之不能羽化。幼苗定植前的苗床要集中施药防虫。③套袋护花。在幼果期，成虫产卵前对幼瓜进行套袋，丝瓜在开花后3～5天、花谢前套袋，苦瓜等瓜果在瓜长2厘米前套袋，否则瓜袋会影响雌花受粉。用草覆盖幼瓜，也可防止成虫产卵为害。套瓜后要尽量把瓜拉到瓜棚阴凉处，避免阳光直射。瓜袋可循环利用。套袋能有效防止瓜实蝇为害，提高瓜类品质，而且不污染环境，但也存在诸多缺点，如费力费时、成本增加等。果实套袋技术旨在保护瓜果，不能降低瓜实蝇虫口数量。④田园卫生。及时摘除被害果并捡拾成熟的烂瓜、落地瓜，把烂瓜和落地瓜集中倒入装有药液的塑料大桶、大缸或水泥池中，密封盖严沤杀，以减少虫源。或集中深埋（1米深左右）、销毁或沤肥，防止幼虫入土化蛹，将被害果深埋以阻止成虫羽化，降低种群数量。翻耕土壤，可以杀死大部分土中越冬的幼虫和蛹。⑤抗性品种的选育。抗性植物的选育在害虫的防治中起着非常重要的作用，这种方法对环境没有任何危害，还可大大减少瓜农的投入。广西野生苦瓜对瓜实蝇的抗性就较强。

（3）生物防治。斑潜蝇天敌达17种，其中以幼虫期寄生蜂（如甘蓝潜蝇茧蜂）效果最佳。此外椿象可食斑潜蝇的幼虫和卵，因此应适当控制施药次数，选择对天敌无伤害或杀伤性小的药剂，保护寄生蜂的种群数量，这是控制斑潜蝇最经济有效的措施。

潜蝇茧蜂是瓜实蝇主要寄生物。斯氏线虫墨西哥品系对瓜实蝇有抑制作用，每平方厘米土壤中放入500只斯氏线虫侵染期幼虫，可以有效抑制瓜实蝇。此外，绿僵菌、玫烟色拟青霉、球孢白僵菌对瓜实蝇也具有致病性。应用不育技术防治野生瓜实蝇，是目前较先进和环保的措施，释放不育雄虫可以避免雌虫刺果产卵。

（4）诱杀防治。①性诱剂诱杀。用性诱剂进行诱捕，使雄性成虫数量减少，从而减少与雌成虫交配的概率，大幅降低下一代虫口数量。目前使用的性引诱剂主要是诱蝇酮和甲基丁香酚。将性诱剂滴在棉芯上，放入诱瓶中，能诱捕瓜实蝇。其中整瓶扎针孔诱芯的引诱力、持效期都明显优于棉花球浸吸诱芯，诱捕范围在15米以内。②针蜂雄虫性引诱剂（针蜂净）诱杀。在可乐瓶瓶壁上挖小圆孔，用棉花制成诱芯滴上2毫升引诱剂和数滴敌敌畏挂在瓶内，一个月加一次引诱剂，每亩放1～2个，注意避阳光、防风雨。③蛋白诱剂诱杀。蛋白诱剂能同时引诱瓜实蝇雌虫和雄虫，比性诱剂效果更好。目前，一种新型蛋白诱剂——猎蝇饵剂（简称GE-120）广泛用于瓜实蝇的防治。该产品的有效成分多杀霉素是一种源于放线菌的天然杀虫毒素。该产品除对瓜实蝇有效外，还能防治橘小实蝇、地中海实蝇等多种实蝇。④采用性诱剂和蛋白诱剂相结合诱杀。在6～9月成虫盛发期，利用瓜实蝇性诱剂对雄虫进行诱杀，也可利用雌虫对蛋白诱剂的趋性诱杀雌虫。可在诱笼内同时放入性诱剂和蛋白诱剂，并加入少量杀虫剂，每亩放置引诱笼1～2个。⑤设置粘蝇纸诱杀。粘蝇纸是消灭蝇类害虫的简便工具，卫生无毒，不污染果蔬、人体及环境，并对天敌寄生蜂无引诱作用。因此，在瓜实蝇的为害高峰期使用，能有效地降低虫口密度减轻其危害程度。把粘蝇纸固定于竹筒（长约20厘米、直径7厘米）上，然后挂在离地面1.2米高的瓜架上，15～20米^{2}挂1张，每10天换纸1次，连续3次，防效显著。⑥“稳黏”昆虫物理诱黏剂诱杀。“稳黏”昆虫物理诱黏剂能高效诱杀各类为害瓜果的实蝇雌虫和雄虫，它利用实蝇专用天然黏胶及植物中提取的天然香味来诱引实蝇，使虫体粘于黏胶后自然死亡。将“稳黏”直接喷在空矿泉水瓶表面或任何不吸水的材料上，于菜园外围阴凉通风处每150 ~ 250米挂1个矿泉水瓶，略低于作物高度，小面积作物种植区每亩挂4个矿泉水瓶，大面积作物种植区每公顷只需挂40个矿泉水瓶。从瓜果幼期、实蝇即将为害时开始施用，每隔10天补喷一次，效果良好。

（5）物理防治。①低温冷冻。冬季11月以后到育苗之前，将棚室敞开或昼夜大通风，使棚室在低温环境中自然冷冻7 ~ 10天，可消灭越冬虫源。②高温闷棚。用太阳能进行高温消毒杀虫。在夏秋季节，利用温室闲置期，采用密闭大棚、温室的措施，选晴天高温闷棚一周左右，使温室内最高气温达60 ~ 70℃，可杀死害虫，之后再清除棚内残株。菜园内可采取覆盖塑料薄膜、深翻土、再覆盖塑料薄膜的方式，使地温超过60℃，从而达到高温杀虫以及深埋斑潜蝇卵的作用。③黄板诱杀成虫。利用斑潜蝇的趋黄性，制作20厘米×30厘米的黄板，涂抹机油或粘虫液，在棚室内每隔2 ~ 3米挂一块，保持黄板的悬挂高度始终在作物顶部20 ~ 30厘米处，并定期涂机油保持黄板黏性。也可利用灭蝇纸诱杀成虫，在成虫的盛期始至盛期末，每亩设置15个诱杀点，每个点设置1张灭蝇纸诱杀成虫，3 ~ 4天更换1张。④防虫网阻隔。温室栽培的棚室应设置防虫网，从根本上阻止潜叶蝇进入。

（八）叶螨类害虫

1.识别特征

（1）朱砂叶螨。属蛛形纲真螨目叶螨科。是一种广泛分布于温带地区的农林害虫，在中国各地均有发生。可为害32科113种植物，其中蔬菜18种，主要有茄子、辣椒、西瓜、豆类、葱和苋菜。与二斑叶螨的最大区别在于后者在生长季节无红色个体，其他均近似。

形态特征：雌成虫体长0.28 ～ 0.52毫米，每100头大约2.73毫克，体红至紫红色（有些甚至为黑色），在身体两侧各具一倒“山”字形黑斑，体末端圆，呈卵圆形。雄成虫体色常为绿色或橙黄色，较雌螨略小，体后部尖削（图32）。

图32　朱砂叶螨成虫及卵

为害症状：以成螨、若螨在叶背吸取汁液。茄子、辣椒叶片受害后，叶面初现灰白色小点，后变灰白色；四季豆、豇豆、瓜类叶片受害后，形成枯黄色细斑，严重时全叶干枯脱落，结果期缩短，影响产量。

生活习性：幼螨和前期若螨基本不活动；后期若螨则活泼贪食，有向上爬的习性。先为害下部叶片，而后向上蔓延。繁殖数量过多时，常在叶端群集成团，滚落地面，被风刮走，向四周爬行扩散。朱砂叶螨发育起点温度为7.7 ~ 8.5℃，最适温度为25 ~ 30℃，最适相对湿度为35% ~ 55%，因此高温低湿的6 ~ 7月危害重，尤其干旱年份易大发生。但温度达30℃以上和相对湿度超过70%时，不利于其繁殖，暴雨对其有抑制作用。

（2）茶黄螨。又称黄茶螨、茶嫩叶螨、茶半跗线螨、侧多食跗线螨，俗称阔体螨、白蜘蛛。属蛛形纲蜱螨目跗线螨科。是对蔬菜危害较重的害螨之一，食性极杂，寄主植物广泛，已知寄主达70余种。主要为害黄瓜、茄子、辣椒、马铃薯、番茄、瓜类、豆类、芹菜、木耳菜、萝卜等蔬菜，主要分布在北京、江苏、浙江、湖北、四川、贵州、台湾等地，近年来对蔬菜的危害日趋严重。

形态特征：雌成螨长约0.21毫米，体阔卵形，体分节不明显，淡黄至黄绿色，半透明有光泽。足4对，沿背中线有一白色条纹，腹部末端平截。雄成虫体长约0.19毫米，体躯近六角形，淡黄至黄绿色，腹末有锥台形尾吸盘，足较长且粗壮。卵长约0.1毫米，椭圆形，灰白色、半透明，卵面有6排纵向排列的泡状突起，底面平整光滑。

为害症状：以成螨和幼螨集中在蔬菜幼嫩部分刺吸为害。受害叶片背面呈灰褐色或黄褐色，油渍状，叶片边缘向下卷曲；受害嫩茎、嫩枝变黄褐色，扭曲变形，严重时植株顶部干枯；果实受害果皮变黄褐色。茄子果实受害后，呈开花馒头状。主要在夏、秋露地发生（图33）。

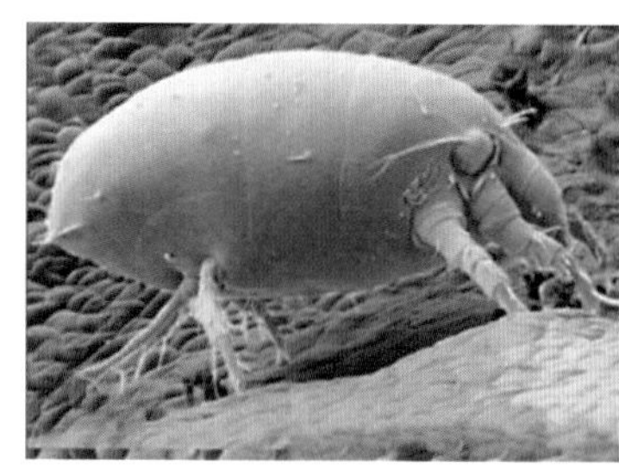

图33 茶黄螨成虫及为害状

生活习性：成螨、幼螨集中在寄主幼芽、嫩叶、花、幼果等幼嫩部位刺吸汁液，尤其喜欢尚未展开的芽、叶和花器。被害叶片增厚僵直、变小或变窄，叶背呈黄褐色、油渍状，叶缘向下卷曲；幼茎变褐，丛生或秃尖；花蕾畸形，果实变褐色，粗糙，无光泽，出现裂果，植株矮缩。由于虫体较小，肉眼难以发现，且为害症状又和病毒病或生理病害相似，生产上要注意辨别。茶黄螨主要靠爬行、风力、农事操作等传播蔓延。幼螨喜温暖潮湿的环境条件；成螨较活跃，且有雄螨负雌螨向植株上部幼嫩部位转移的习性。卵多产在嫩叶背面、果实凹陷处及嫩芽上，经2～3天孵化，幼（若）螨期各2～3天。雌螨以两性生殖为主，也可营孤雌生殖。

与病毒病的区别在于茶黄螨为害时叶片背面呈油质光泽、粗糙状，而病毒病无此特点；茶黄螨多在叶片背面为害，导致叶缘向下卷曲，而病毒病受害病叶叶缘多向上卷曲；茶黄螨为害时，用放大镜或显微镜观察叶片背面可见茶黄螨。

2.防治方法

（1）农业防治。①清洁田园。搞好冬季防治工作。铲除田间和棚内杂草，早春要特别注意拔除茄科蔬菜田的龙葵、三叶草等杂草，以免越冬虫源转入蔬菜为害。蔬菜采收后及时清除枯枝落叶，集中烧毁，不留残存于枝条上的螨虫过冬。②轮作。调整种植结构，将嗜食寄主与非嗜食寄主轮作，切断食物链。如百合科与茄果类和瓜类轮作、十字花科与茄果类和瓜类轮作，对茶黄螨种群均有抑制作用。③控制温湿度。利用茶黄螨生长发育对温湿度的要求，结合田间管理，进行大温差防治。白天将棚温升高至34～35℃，控制2～3小时，夜间降低温度至11～12℃，加强通风降低棚室湿度。④清除虫源。冬季育苗温室和生产棚室在育苗和定植前，采用硫黄粉熏蒸消灭虫源。每1 000米^{2}温室用硫黄粉5千克拌入定量的干锯末，在阴、雨、雪天的无风夜晚分置2～3堆点燃，次日早晨开口放风，5～7天后育苗或定植幼苗。⑤培育无虫（螨）壮苗。育苗期若有茶黄螨发生，在移栽前全面施药防治2次。不能从已发生茶黄螨的地区引进秧苗。

(2) 生物或矿物制剂防治。尼氏钝绥螨、德氏钝绥螨、具瘤长须螨、冲蝇钝绥螨、畸螨对茶黄螨有明显的抑制作用，此外，蜘蛛、捕食性蓟马、小花蝽、蚂蚁等天敌也对茶黄螨具有一定的控制作用，应加以保护利用。还可选用生物制剂如0.3%印楝素乳油1 000倍液、2.5%洋金花生物碱水剂500倍液、45%硫黄胶悬剂300倍液、99%机油（矿物油）乳剂200 ~ 300倍液等喷雾防治。因螨类害虫怕光，故常在叶背取食，喷药应注意多喷植株上部的嫩叶背面、嫩茎、花器和嫩果。

（九）其他常见害虫

1.识别特征

(1) 同型巴蜗牛。柄眼目巴蜗牛科。分布于中国的黄河流域、长江流域及华南各省。寄生于紫薇、芍药、海棠、玫瑰、月季、蔷薇、白蜡以及白菜、萝卜、甘蓝、花椰菜等上。

形态特征：贝壳中等大小，壳质厚，坚实，呈扁球形。壳高12毫米、宽16毫米，有5 ~ 6个螺层，顶部几个螺层增长缓慢，略膨胀，螺旋部低矮，体螺层增长迅速、膨大。壳顶钝，缝合线深。壳面呈黄褐色或红褐色，有稠密而细致的生长线。体螺层周缘或缝合线处常有一条暗褐色带（有些个体无）。壳口呈马蹄形，口缘锋利，轴缘外折，遮盖部分脐孔。脐孔小而深，呈洞穴状。个体之间形态变异较大。卵圆球形，直径2毫米，乳白色有光泽，渐变淡黄色，近孵化时为土黄色（图34）。

图34　同型巴蜗牛成虫

为害症状：初孵幼螺只取食叶肉，留下表皮，稍大个体则用齿舌将叶、茎、花瓣等磨成孔洞或将其咬断。

生活习性：是中国常见的为害农作物的陆生软体动物之一，中国各地均有发生，常与灰巴蜗牛混杂发生。生活于潮湿的灌木丛、草丛中、田埂上、乱石堆里、枯枝落叶下、作物根际土块和土缝中以及温室、菜窖、畜圈附近的阴暗潮湿、多腐殖质的环境中，适应性极广。一年繁殖1代，多在4～5月产卵，大多产在根际疏松湿润的土中、缝隙中、枯叶或石块下。每个成体可产卵30 ~ 235粒。成螺大多蛰伏在作物秸秆堆下面或冬作物根部土中越冬，幼体也可在冬作物根部土中越冬。

（2）野蛞蝓。为蛞蝓科野蛞蝓属的动物。分布于欧洲、美洲、亚洲以及我国的广东、海南、广西、福建、浙江、江苏、安徽、湖南、湖北、江西、贵州、云南、四川、河南、河北、北京、西藏、辽宁、新疆、内蒙古等地，生活环境为陆地，常生活于山区、丘陵、农田及住宅附近以及寺庙、公园等阴暗潮湿、多腐殖质处。

形态特征：成虫伸直时体长30 ~ 60毫米，体宽4 ~ 6毫米；内壳长4毫米，宽2.3毫米（图35）。长梭型，柔软、光滑而无外壳，体表暗黑色、暗灰色、黄白色或灰红色。触角2对，暗黑色，下边一对短，约1毫米，称前触角，有感觉作用；上边一对长约4毫米，称后触角，端部具眼。口腔内有角质齿舌。体背前端具外套膜，为体长的1/3，边缘卷起，其内有退化的贝壳（即盾板），上有明显的同心圆线，即生

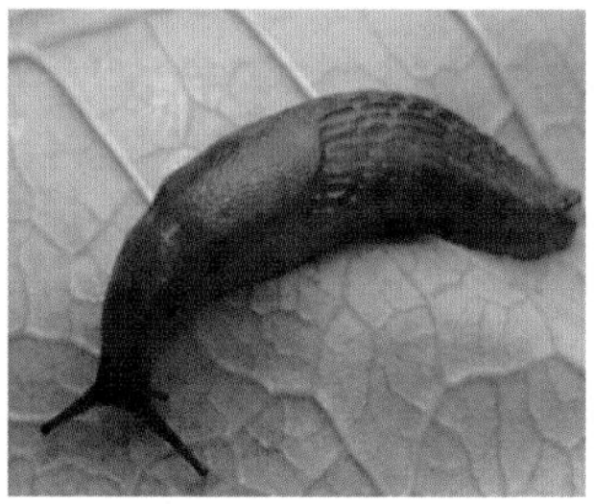

图35　野蛞蝓成虫

长线。同心圆线中心在外套膜后端偏右。呼吸孔在体右侧前方，其上有细小的色线环绕。黏液无色。右触角后方约2毫米处为生殖孔。卵椭圆形，韧而富有弹性，直径2～2.5毫米。白色透明可见卵核，近孵化时颜色变深。初孵幼虫体长2～2.5毫米，淡褐色，体型同成体。

为害症状：最喜食萌发的幼芽及幼苗，造成缺苗断垄。取食叶片或果实形成孔洞，影响其商品价值。

生活习性：以成虫或幼体在作物根部湿土下越冬。5～7月在田间活动为害，入夏气温升高，活动减弱，秋季气候凉爽后，再次活动为害。在南方每年4～6月和9～11月有两个活动高峰期，在北方7～9月为害较重。喜欢在潮湿、低洼橘园中为害，梅雨季节是为害盛期。完成一个世代约250天，5～7月产卵，卵期16～17天，从孵化至性成熟约55天。产卵期可长达160天。野蛞蝓雌雄同体，可异体受精亦可同体受精繁殖。卵产于湿度大且隐蔽的土缝中，每隔1～2天产一次，约1～32粒，每处产卵10粒左右，平均产卵量为400余粒。野蛞蝓怕光，强光下2～3小时即死亡，因此均夜间活动，从傍晚开始出动，晚上10～11时达活动高峰，清晨之前又陆续潜入土中或隐蔽处。耐饥力强，在食物缺乏或不良条件下能不吃不动。阴暗潮湿的环境易大发生，当气温11.5～18.5℃、土壤含水量为20%～30%时对其生长发育最为有利。

2.防治方法

（1）防治同型巴蜗牛。①人工捕杀成贝和幼贝。②于为害期在寄主上喷洒90%敌百虫原药1 000倍液或50%辛硫磷乳油1 200倍液毒杀成贝、幼贝。③于傍晚在常活动的地方撒生石灰粉以杀灭成贝、幼贝。

（2）防治野蛞蝓。①采用高畦栽培、地膜覆盖、破膜提苗等方法，以减少野蛞蝓为害。②施用充分腐熟的有机肥，创造不适于野蛞蝓发生和生存的条件。③清理田园、秋季耕翻破坏野蛞蝓的栖息环境，用杂草、树叶等在棚室或菜地诱捕野蛞蝓。④每亩用生石灰5 ～ 7千克，在危害期撒施于沟边、地头或作物行间驱避野蛞蝓。⑤药剂防治。用48%地蛆灵乳油或6%蜗牛净颗粒剂配成含有效成分4%左右的豆饼粉或玉米粉毒饵，在傍晚撒于田间垄上诱杀；或用8%灭蛭灵颗粒剂每亩2千克撒于田间；或于清晨喷洒48%地蛆灵乳油1 500倍液。⑥用黄瓜片以及青菜叶子做诱饵，进行人工捕捉。

三、温室有机蔬菜的生物防治

由于温室农业中蔬菜生长周期较短，害虫种类多、危害重，目前尚无既能有效控制其发生又符合食品安全生产要求的防治措施，应用化学农药治理的方式仍占较大比重，但化学农药不合理使用造成生态环境污染、影响食物安全，因此温室农业重要害虫的生物防治已成为害虫防治的首选技术和发展方向。

我国生物防治技术研究在20世纪80年代开始被列入了国家攻关计划。经过几十年的努力，在研发多种生物防治资源的同时，大力发展生物防治资源规模化生产，并取得了较好的应用效果。按照温室有机农业生产要求，本章介绍了适用的生物防治资源的应用方法（图36）。

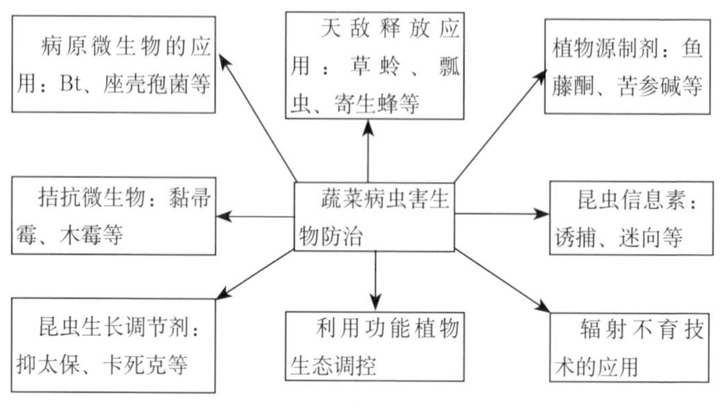

图36　温室有机蔬菜病虫害防治模式

（一）生物防治资源概述

生物防治资源十分丰富，主要包括寄生性天敌、捕食性天敌、昆虫病原微生物、植物源杀虫剂等。

1.天敌昆虫资源

天敌昆虫作为生物防治中重要组成部分在农业可持续发展和有机蔬菜生产中具有明显的专业优势。天敌昆虫作为传统的生物防治资源，在控制温室蔬菜虫（螨）害以及保证温室蔬菜产量和品质上起着不可替代的作用。随着人们环境保护意识的加强和绿色农业的发展，天敌昆虫在温室蔬菜害虫生物防治中的作用越来越受到人们的重视。我国的天敌昆虫资源非常丰富，但目前在温室蔬菜生产中应用的种类相当有限。表7中列出了目前我国温室蔬菜害虫主要天敌昆虫资源种类。

表7　我国温室蔬菜害虫天敌昆虫资源种类

靶标害虫	天敌昆虫
蚜虫	卵形异绒螨
	多异瓢虫
	异色瓢虫
	六斑月瓢虫
	龟纹瓢虫
	大突肩瓢虫
	南方小花蝽
	烟蚜茧蜂
	菜少脉蚜茧蜂
粉虱	异色瓢虫
	龟纹瓢虫
	小黑粉虱瓢虫
	六斑月瓢虫
	粉虱小毛瓢虫
	黑襟毛瓢虫
	刀角瓢虫
	沙巴拟刀角瓢虫
	东亚小花蝽
	烟盲蝽
	丽草蛉
	大草蛉
	丽蚜小蜂

（续）

靶标害虫	天敌昆虫
粉虱	浅黄恩蚜小蜂 海氏桨角蚜小蜂
叶螨	真桑钝绥螨 尼氏钝绥螨 芬兰真绥螨 智利小植绥螨 异色瓢虫 拟小食螨瓢虫 食螨瓢虫
蓟马	黄瓜钝绥螨 东亚小花蝽 南方小花蝽
小菜蛾	烟盲蝽 黄斑粗喙椿象

由于我国温室蔬菜害虫以蚜虫、粉虱、叶螨、蓟马等为主，目前应用较多的天敌昆虫有蚜茧蜂、蚜小蜂、捕食螨、捕食性瓢虫、草蛉、捕食性蝽、食蚜蝇和食蚜瘿蚊等。近年来，我国不少学者在温室条件下，研究了释放丽蚜小蜂、东亚小花蝽、异色瓢虫、巴氏钝绥螨控制温室害虫的效果。

（1）蚜虫天敌。我国温室蔬菜生产中，危害其产量和品质的蚜虫以桃蚜为主。目前，捕食性瓢虫、食蚜蝇、蚜茧蜂和食蚜瘿蚊是防治温室蔬菜蚜虫时释放的主要天敌昆虫。对温室蔬菜蚜虫控制效果较好的捕食性瓢虫有异色瓢虫、多异瓢虫、七星瓢虫和龟纹瓢虫。其中，具有多色型的异色瓢虫在生物防治中起着主导作用，它不仅可以取食桃蚜，还可以取食梨二叉蚜、桃大尾蚜和棉蚜。利用异色瓢虫可以成功防治温室黄瓜和草莓上的蚜虫。研究显示，释放异色瓢虫对北京温室甜椒和圆茄上的桃蚜均有较高的防效（图37）。食蚜蝇是双翅目中相对较大的类群，对蚜虫的捕食能力很强，部分种类的食蚜蝇还能捕食粉虱、飞虱和介壳虫等害虫。例如黑带食蚜蝇、大灰食蚜蝇的幼虫对桃蚜均具有较强的捕食能力。1986年，中国从加拿大引进烟蚜茧蜂后，分别在北京市、河北省和福建省的温室中释放用来防治蚜虫。上海市和辽宁省的

图37　释放异色瓢虫防治甜椒上的蚜虫

相关研究人员曾用桃蚜饲养烟蚜茧蜂，烟蚜茧蜂可以成功防治番茄、黄瓜和辣椒上的桃蚜和棉蚜。另有研究表明，烟蚜茧蜂和异色瓢虫混合释放对烟蚜的防效高于单一释放。将食蚜瘿蚊按益害比1 ∶ 20的比例释放，10天后蚜虫的种群密度可以减少70% ～ 90%。

（2）粉虱天敌。粉虱的天敌种类繁多，包括寄生性天敌、捕食性天敌和虫生真菌等。目前，在温室中释放寄生性天敌昆虫对粉虱有很好的控制效果。对烟粉虱和温室白粉虱有效的寄生性天敌有27种均属于蚜小蜂科，其中有21种属于恩蚜小蜂属，6种属于桨角蚜小蜂属，这些寄生性天敌中丽蚜小蜂在防治温室粉虱中取得了显著成果。我国于1978年从英国引进丽蚜小蜂后，中国农业科学院生物防治研究所和蔬菜花卉研究所研究人员对其生物学特性和应用方法进行了深入研究并研发了烟草苗繁蜂法。随后在河北、辽宁、山东、内蒙古等省份释放用来防治温室白粉虱。丽蚜小蜂防治烟粉虱的效果也较好，可在温室蔬菜生产中大面积推广应用。有研究结果显示，丽蚜小蜂和东亚小花蝽混合释放对烟粉虱的防治效果高于单独释放。除丽蚜小蜂以外，双斑恩蚜小蜂、浅黄恩蚜小蜂和裸盾恩蚜小蜂也是温室白粉虱的重要寄生性天敌。粉虱的捕食性天敌主要包括小黑瓢虫、刀角瓢虫、草蛉及盲蝽，以捕食性瓢虫为主，例如从国外引进的刀角瓢虫、沙巴拟刀角瓢虫和小黑瓢虫对温室蔬菜上的粉虱均有很好的控制效果。有研究表明捕食螨也可以用于对烟粉虱的生物防治中，例如在种植甜椒的温室中释放胡瓜钝绥螨对烟粉虱的控制效果可以达到94%。

（3）叶螨天敌。我国于20世纪70年代起开始进行叶螨生物防治的研究工作，取得了一定的成效。叶螨的天敌可以分为捕食性天敌和寄生性天敌两类。1975年，从瑞典引入智利小植绥螨，此后通过利用引入种和本土优势的捕食螨成功地防治了叶螨。在本土优势种中，长毛钝绥螨和拟长毛钝绥螨被广泛应用于控制朱砂叶螨上。智利小植绥螨是当前用于害螨生物防治中最有效的捕食螨，已成功应用于温室蔬菜、热带水果和观赏园艺植物的生物防治中。例如，将长毛钝绥螨按益害比1 ： 100的比例释放，3周后茄子上二斑叶螨的数量显著降低。拟长毛钝绥螨是叶螨的专性捕食性天敌，可以有效控制冬瓜上二斑叶螨的数量。捕食性瓢虫也可以用来控制叶螨，深点食螨瓢虫和腹管食螨瓢虫可以有效地控制温室中的柑橘全爪螨，拟小食螨瓢虫可以协助智利小植绥螨控制朱砂叶螨。

（4）蓟马天敌。目前，蓟马的捕食性天敌主要包括食虫蝽、草蛉和捕食螨。研究结果显示释放胡瓜钝绥螨对日光大棚甜椒上西花蓟马的控制效果可达86.7%。释放巴氏钝绥螨可以控制温室茄子上的西花蓟马高峰期的数量。将巴氏钝绥螨和剑毛帕厉螨混合释放对彩椒上蓟马的防效可达到47.16%。将捕食螨和食虫蝽混合后释放可以提高对西花蓟马的防控效果。半翅目花蝽科小花蝽属东亚小花蝽对蓟马也具有很强的控制能力，例如在茄子生产过程中释放东亚小花蝽（图38），对蓟马的控制效果可以达到94.46%。

图38　东亚小花蝽各个阶段（Koppert公司拍摄）

2.昆虫病原微生物

害虫与其他动植物一样，在生长发育中也会患病，许多病原微生物如病毒、真菌、细菌、原生动物、线虫以及立克次体等可使昆虫患病，甚至死亡。因此，这类病原微生物也可以作为害虫生物防治的重要资源，简称生防微生物。目前已知自然界中有1 500种微生物或微生物的代谢物具有杀虫活性，很多已用于农林害虫的防治中。

病原微生物作用基本原理是侵染寄主（害虫）后会在寄主组织或血淋巴中生长、繁殖，产生毒素，导致寄主（害虫）的组织、生理机能被破坏，从而使寄主代谢失调甚至死亡。

3.植物源杀虫剂

植物源杀虫剂是指利用植物根、茎、叶、种子等部分粗加工或提取其活性成分加工成的制剂，植物源杀虫剂可用于防治植物的病、虫、草害等。

据统计，世界上至少有50万种不同植物，其中药用植物有11 020种（含种下等级1 208个），隶属于2 313属383种，目前已报道过具有控制有害生物活性的高等植物达2 400余种，其中具有杀虫活性的有1 000多种，具有杀螨活性的有39种，具有杀线虫活性的有108种，具有杀鼠活性的有109种，具有杀软体动物活性的有8种；对昆虫具有拒食活性的有384种，具有忌避活性的有279种，具有引诱活性的有28种，引起昆虫不育的有4种，调节昆虫生长发育的有31种，抗真菌的有94种，抗细菌的有11种，抗病毒的有17种。这些植物主要集中于楝科、菊科、豆科、卫矛科、大戟科等30多科，目前，鱼藤、雷公藤、除虫菊酯、印楝素、苦参、乌桕、龙葵、闹羊花、马桑、大蒜等的杀虫、杀菌特性相继被发现和利用，其中鱼藤、除虫菊酯、印楝素等的研究与应用已较为成熟。

植物源杀虫剂具有下述特点：①施用后较易分解，对环境无污染，例如使用鱼藤酮超高剂量喷施，5天后土壤中已经检测不出有毒成分，而化学农药滴滴涕（DDT）虽然在全世界已经禁用多年，但在人们密切接触的土地、水域及水产品中仍有较高的含量。

②杀虫成分多元化，害虫较难产生抗药性。③对非靶标的有益生物（即害虫天敌）相对安全。例如使用鱼藤酮常用剂量喷施，对蔬菜萝卜蚜的防治效果可达到99.85%，而对蚜虫天敌瓢虫的杀伤率仅为11.58%。④有毒植物可以大量种植，开发费用较低。⑤部分植物源杀虫剂可以刺激作物生长。

我国是研究应用杀虫植物最早的国家，《中国土农药志》所记述的植物源农药多达220种。《中国有毒植物》一书中列入有毒植物1 300余种，其中许多种类具有杀虫活性或杀菌活性。

20世纪80年代，寻找有应用前景的杀虫植物资源是国内外对植物源农药研究的重点之一。美国曾成功地研制出鉴定植物提取物毒性的方法，并进行了739种高等植物的检验，结果汇编成表输入计算机中，通过专门程序可以随时获取防治某种具体害虫最有效的植物提取物的资料。菲律宾在20世纪80年代末已经有约200种植物被登记或报道有杀虫作用，其中34种通过试验得到了证实。保加利亚研究者发现毛茛、一年生野生牛舌草以及山梅花的提取物能有效防治科罗拉多甲虫，德国发现美国崖柏和漆树的水浸出物使马铃薯甲虫的幼虫生长发育停止，以色列发现长春花的叶提取物对埃及棉铃虫幼虫有驱避和拒食作用，Nishida（1984）发现唇形科（Labiatae）植物毛罗勒［*Ocimum basilicum* L. var. *pilosum*（Willd）Benth］叶片中的二萜类化合物对库蚊幼虫具有较强的杀灭作用，Simmonds（1989）从一种叫偏花斑叶兰（*Goodyera schlechtendaliana*）的植物中分离出对棉铃虫幼虫具有较强拒食活性的物质。

我国学者对植物源杀虫剂的研究一般集中在楝科、卫矛科、柏科、豆科、菊科、唇形科、蓼科等植物上。苦楝（*Melia azedarach* L.）和川楝（*Melia toosendan* Sieb. et Zucc.）是我国主要的楝科植物，两者的杀虫有效成分均为川楝素。研究发现，川楝素对各种害虫具有强烈的拒食、胃毒、抑制生长发育等作用。关于川楝素的拒食活性机理，电生理研究结果显示，其对昆虫下颚瘤状栓锥感受器具有抑制作用，这种抑制作用使神经系统内取食刺激信息的传递中断，幼虫失去味觉功能而表现为拒食作用。

印楝（*Azadirachta indica* A.Juss.）是世界上公认的理想杀虫植物，其最主要的活性成分印楝素具有多种生物活性，对昆虫具有强烈的拒食、胃毒、触杀以及抑制生长发育的作用。现在普遍认为印楝素主要通过扰乱昆虫内分泌系统的正常运转，影响促前胸腺激素（PTTH）的合成与释放，降低前胸腺对PTTH的感应而造成20-羟基蜕皮酮的合成、分泌不足，致使昆虫变态发育受阻。

近年来，我国学者还对紫背金盘（*Ajuga nipponensis* Makino）、辣蓼（*Polygonum hydropiper* L.）、骆驼蓬（*Peganum harmala* L.）、苦参（*Sophora flavescens* Ait）、紫穗槐（*Amorpha fruticosa* Linn.）、苦豆子（*Sophora alopecuroides* L.）、红果米仔兰（*Aglaia odorata* Lour var. *chaudocensis*），大火草［*Anemone tomentosa* (Maxim.)

Pei]、羊角拗［*Strophanthus divaricatus* (Lour.) Hook. et Arn.］、非洲山毛豆（*Tephrosia vogelii*）等植物的杀虫活性进行了研究。

4.昆虫信息素

昆虫信息素可诱集异性而降低虫口密度，减少昆虫下一代的危害，从而达到保护农作物的目的。例如人工合成的地中海螟性信息素、ZETA、人工合成的烟青虫性信息素已应用于诱杀成虫。烟草甲信息素、印度谷螟信息素、谷蠹信息素、贺斑皮蠹信息素、苹果蠹蛾性信息素、越冬代水稻二化螟性信息素、地中海实蝇性信息素均能诱杀（诱捕）相应的害虫。由于目前在大田、果园内应用较多，较少应用于温室蔬菜中，仅列举应用方法，可供参考。

在害虫成虫羽化初期，于温室大棚周边每亩排放水盆4～5个，盆内放水和少量洗衣粉或杀虫剂，水面上方1～2厘米处悬挂性诱剂诱芯，可诱杀大量前来寻偶交配的昆虫。目前已商品化生产的有斜纹夜蛾、甜菜夜蛾、小菜蛾、小地老虎等性诱剂诱芯。

将性诱剂与昆虫不育剂、病毒、细菌等配合使用，效果更好。用性诱剂诱集害虫，使害虫与化学不育剂、病毒、细菌等接触，然后飞走接触其他昆虫或交配，这样对昆虫种群造成的损害要比当场杀死大得多。如果利用恰当，昆虫性信息素比微生物天敌更容易发挥作用，这主要由于微生物天敌的寄生要考虑温湿度等条件是否适宜。

（二）常用天敌昆虫资源应用方法

1.瓢虫

瓢虫是捕食性天敌，属鞘翅目瓢虫科，别名花大姐、麦大夫、豆瓣虫。常见种类有七星瓢虫、异色瓢虫、龟纹瓢虫等。主要使用形式有成虫、蛹、幼虫、卵。对人、畜和天敌动物无毒无害，无残留，不污染环境。

瓢虫成虫寿命长，平均77天，以成虫和幼虫捕食蚜虫、叶螨、白粉虱、玉米螟、棉铃虫等的幼虫和卵。1头雌虫可产卵567 ～ 4 475粒，平均每天产卵78.4粒，最多可达197粒。取食量大小与气温和猎物密度有关，以捕食蚜虫为例，在猎物密度较低时，捕食量随猎物密度上升而呈指数增长；在猎物密度较高时，捕食量则接近极限水平。气温高影响七星瓢虫和猎物的活动能力，可提高捕食率。

（1）在蔬菜生产上的应用（图39）。①释放时间。温室内释放瓢虫最好在10:00前或14:00以后，如果放虫时间不适宜，温室内气温过高会使幼虫死亡率升高。②释放量与释放时期。释放七星瓢虫量可因蔬菜品种不同而异，大白菜可比黄瓜释放少些，蚜虫量大时要多放一些。七星瓢虫释放时期最好掌握在蚜虫发生初期量少的点片阶段。以瓢治蚜关键抓早，在蚜虫发生初期每亩放0.1万～ 0.2万头，释放时的瓢蚜比控制在1 ：（50 ～ 100），虫态单一应加大释放量。

③释放虫态。较方便释放的虫态通常是卵，在适宜气候条件下也可释放幼虫，因成虫迁移性大释放成虫效果不稳定。四龄幼虫虽然食量大，但将近化蛹期，因此生产上应以二至三龄幼虫为主要释放虫态，同时成虫也应该占一定比例，这样持效期长、防效好。④释放方法。当气温在20 ~ 27℃、夜温在10℃以上时可释放幼虫，将幼虫顺垄撒于菜株上，每隔2 ~ 3行放虫一行，尽量释放均匀，每亩释放量为200 ~ 250头。在蚜虫高峰期前3 ~ 5天释放，10天内不宜进行耕作活动，在田间适量喷洒1% ~ 5%蔗糖水，或将蘸有蔗糖水的棉球同幼虫一起放于田间，供给营养以提高其成活和捕食力。气温在20℃以上可释放卵，释放时将卵块用温开水浸泡，使卵散于水中，然后补充适量不低于20℃的温水，再用喷壶或摘下喷头的喷雾器将卵液喷到植株中上部叶片上。

图39　瓢虫卵卡及田间释放瓢虫卵卡

（2）注意事项。由于实际工作中释放七星瓢虫量很难精确，因此需在释放后2天检查防效，若瓢蚜比在可控制范围内且蚜虫量没有继续上升，表明七星瓢虫已发挥控制作用，暂时不必补放。若瓢蚜比过低，应酌情补放。早期释放七星瓢虫，应偏大量释放，按照实有株数计算释放量，以便及时控制瓜蚜数量上升。在购入各虫态的七星瓢虫后应及时释放到田间，气温低和光线暗的条件下成虫不易迁飞，故一般应选在日落后释放成虫。为提高防效，释放成虫、幼虫前先饥饿1 ~ 2天，或冷水浸渍处理成虫降低其迁飞能力，以期提高捕食率。释放成虫2天内及释放幼虫、蛹和喷卵液后10天内，不宜进行灌水、耕作等活动，以防成虫迁飞并保证若虫生长和捕食及卵孵化，以期提高防效。

2.草蛉

草蛉属于脉翅目、蛉科（图40），成虫和幼虫具捕食性，主要捕食蝽类、蚜虫类、螨类、介壳虫、粉虱等微小昆虫，如盲蝽、粉虱类、红蜘蛛类、麦蚜

图40　草蛉产卵

类、棉蚜、菜蚜、烟蚜、豆蚜、桃蚜等。另外，还喜食多种鳞翅目害虫的卵和幼虫，如棉铃虫、地老虎、甘蓝夜蛾、银纹夜蛾、麦蛾和小造桥虫等。草蛉常见种类有大草蛉、黄褐草蛉、多斑草蛉、牯岭草蛉、丽草蛉、叶色草蛉、中华草蛉、亚非草蛉、晋草蛉等。对人、畜和天敌动物无毒、无害、无残留，也不污染环境。

（1）贮藏技术。①成虫的贮藏。一般当季生产的草蛉数量有限，需要贮藏积累，才能满足田间大量应用的需求。同时，作为商品的天敌产品，也需要有适当的货架贮存期，以方便用户选购和使用。草蛉的成虫、卵、幼虫及茧均可进行冷藏。成虫应放在低温条件下，3 ～ 10℃贮存30天，对成活率、产卵量以及孵化率影响不大。②卵的贮藏。一般要求草蛉卵在贮藏期间不孵化，移入26℃恒温室后，卵孵化率应大于80%。卵的安全贮藏天数5℃时为6天、7℃时为12天、12℃时为21天、15℃时为12天，中华草蛉卵在26℃恒温中孵化所需的天数为2 ～ 4天。③蛹的贮藏。低温对中华草蛉蛹的影响较大，在11 ～ 12℃温度下贮存20天为宜。

（2）在蔬菜生产上的应用。①释放成虫。在温室内释放后成虫会逃离，且易被鸟类等其他天敌取食，为减少损失使用时一般按益害比1 ：（15 ～ 20）释放，或每株植株上放3 ～ 5头，每隔1周释放1次，根据虫情连续释放2 ～ 4次。②释放幼虫（图41）。投放幼虫的方法有单头投放和多头投放两种，单头投放是将刚孵化的幼虫，用毛笔挑起放到发生害虫的植株上；多头投放是将快要孵化的灰卵（即投放后半天左右就孵化的卵）用刀片刮下，另用小玻璃瓶或小型塑料袋装入定量无味锯末，每50克锯末可接入草蛉灰卵500～1 000粒，并按1：（5～10）的比例加入适量米蛾卵或蚜虫作为饲料，用纱布扎紧瓶口或袋口，放在25℃左右的室内待其孵化，当有80%的卵孵化时，即可投放，撒到植株中、上部，或在塑料袋内装2/3容量的细纸条，按一定比例加入草蛉卵和饲料，待草蛉孵化后，取出纸条分别挂在植株上，使纸条上的幼虫迁至植株叶片定居，发挥捕食作用。释放数量和次数同成虫，投放时间以上午为宜。

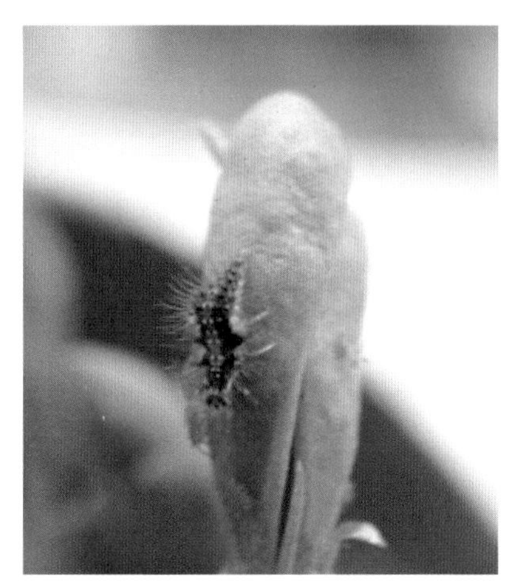

图41　大草蛉幼虫捕食蚜虫

③释放卵。以放灰卵为好，放卵方法一般为放卵箔和撒放卵粒。放卵箔是将卵箔剪成小纸条状，使每个卵箔上有10～20粒卵，隔一定的距离用订书机或大头针将卵箔固定在作物叶片背面害虫多的地方；撒放卵粒是用刀片将卵粒从卵箔上刮下，与锯末或蛭石混合，装在容器内备用，用时人工撒放，可以根据作物实际情况每隔一定距离放入定量卵粒，最

好撒在心叶上，撒放要均匀，也可用药械将卵喷在植株上。

（3）注意事项。①要适时释放。将一定量草蛉以一定方式释放到棚室内，以期对害虫产生控制效果。根据害虫发生情况并结合草蛉的贮备情况，确定释放草蛉的时期，若释放过早，草蛉初孵幼虫会因害虫基数低找不到足够的食物而存活率不高，另外由于草蛉发育期较短，等到害虫高峰期到来时草蛉已接近化蛹，从而失去对害虫的控制能力；反之，若释放过迟，害虫基数过大，释放的低龄幼虫已不足以控制害虫，且此时害虫对作物已造成了相当程度的危害。②选用适宜的种类。释放不同的虫态具有不同的优点。释放成虫主要优点是释放到菜田后可立即捕食害虫，见效快，但释放速度较慢，成虫释放后易逃逸。释放时注意蛉种的选择，不同种草蛉幼虫捕食习性不同，生产上要根据防治对象选择不同草蛉种类。如中华草蛉取食范围广可用来防治多种害虫；防治蚜虫要选用大草蛉和丽草蛉。③选用适宜的剂型。投入草蛉卵箔时最好固定在害虫多的叶面上，使草蛉幼虫一经孵化即可接触到害虫。放卵的优点是操作简便，作用速度快，效率较高；缺点是卵易被蚂蚁等天敌取食，因此要尽量减少草蛉卵在田间停留时间，生产中主要放即将孵化的灰卵，灰卵投放半天后即可孵化，可减少天敌取食从而提高防效。购入不同剂型的草蛉应及时释放，尽量不要贮藏，释放时要注意均匀分布以保证防效。

3.蚜茧蜂

蚜茧蜂，属昆虫纲膜翅目蚜茧蜂科，我国蚜茧蜂主要种类有棉长管蚜蚜茧蜂、科尔曼氏蚜茧蜂、高粱蚜茧蜂、烟蚜茧蜂、燕麦蚜茧蜂、无网长管蚜茧蜂、印度三叉蚜茧蜂、伏蚜茧蜂、菜少脉蚜茧蜂、桃赤蚜蚜茧蜂等。具有较明显的寄主专化性，其寄主是各种蚜虫。可利用的形态有新羽化的成虫或成虫与僵蚜的混合物，田间使用后对人无过敏或其他有害反应。

蚜茧蜂主要是通过寄生来制服蚜虫的，雌雄交配后，雌蜂产卵。产卵时雌蜂用产卵器将蚜虫腹部背面刺破，将卵产入蚜虫体内，这样蚜茧蜂的卵就在寄主体内寄生下来，这些寄生的蚜茧蜂卵在蚜虫体内化成幼虫，刺激蚜虫使其进食量增加、体重增加、身体恶性膨胀，最后变成谷粒状黄褐色或红褐色的僵蚜；某些蚜茧蜂幼虫在寄主蚜虫体内可分泌浓度较高的昆虫激素，这些激素可影响蚜虫正常发育，并使蚜虫变态异常，有的提前死亡、有的保持在低龄阶段总也长不大最终死亡。一只雌蚜茧蜂一生可产卵几百粒，每粒卵都是射向寄主蚜虫的生物“子弹”，而且“弹无虚发”，寄生率高达98%，目前农业和林业生物防治中已大量引入蚜茧蜂来治理蚜虫，蚜茧蜂已成为一支消灭蚜虫的强大生力军（图42）。

（1）在蔬菜生产上的应用。释放蚜茧蜂防治蚜虫常采用少量多次连续释放的方法。①放蜂时间。应在温室内蚜虫发生初期即点片发生时期释放，切忌蚜

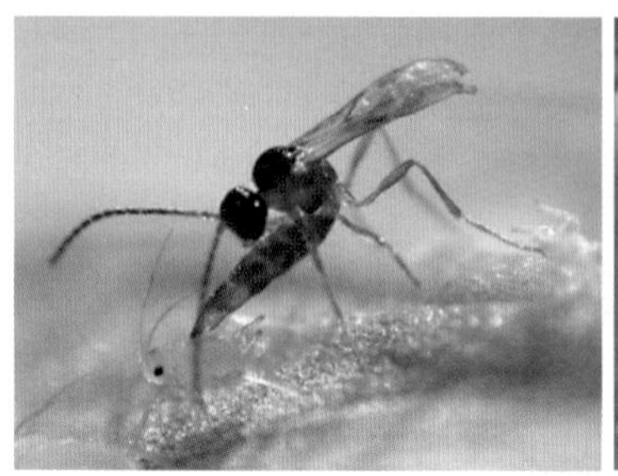

图42　蚜茧蜂（魏书军/摄）及寄生后的僵蚜

虫已大量发生时才放蜂。②放蜂量。要根据田间的蚜虫虫口密度而定。如烟蚜茧蜂，释放的烟蚜茧蜂与田间蚜虫的比例应该掌握在1 ：（160 ～ 200）为宜。③释放僵蚜。释放前4 ～ 5天将僵蚜从冰箱中取出，放在室温20℃、相对湿度70% ～ 85%的环境中使蚜茧蜂继续完成蛹期发育；若释放含有老熟蚜茧蜂蚜虫的僵蚜，应在羽化前一天移至田间放蜂容器中（可以是特制的可回收重复利用的塑料盒），成蜂羽化后可自行飞出寻找蚜虫寄主。每批蜂在释放前7天应进行检查，检查时要统计羽化率、性比等，以便计算将来田间僵蚜的释放量，将蚜茧蜂置于温度25℃下可提早2 ～ 3天羽化。④释放成蜂。可将僵蚜放在羽化箱中，羽化箱可用纸盒做，只要密闭透气、保温保湿即可，将羽化后的成蜂收集于玻璃管中，补充营养后(2% ～ 3%的白糖水或蜂蜜水)，拿到田间释放，若田间蚜虫虫口密度高，隔4 ～ 5天再放蜂一次。⑤防效检查。在放蜂后5天（夏季）或7天（春、秋季），田间调查到含有蚜茧蜂蚜虫的僵蚜时，即可检查第一次蚜茧蜂的寄生率及蚜虫虫口减退率。隔5 ～ 7天再进行第二次检查，并将对照区与施药区对比，鉴定释放效果。⑥用烟蚜茧蜂防治桃蚜、棉蚜。防治大棚甜（辣）椒或黄瓜上的桃蚜、棉蚜，初见蚜虫时开始放僵蚜，每隔4天放1次，共放7次，大棚每平方米释放僵蚜12头。放蜂1.5个月内甜（辣）椒有蚜率控制在3% ～ 15%，有效控制期近2个月；黄瓜有蚜率在4%以下，有效控制期42天。

（2）注意事项。释放时不能使用黄色诱蚜板，但可使用蓝色板。在蚜虫种群数量低时释放效果较好；于5 ～ 10℃可保存5天，避免阳光直射。

4.丽蚜小蜂

丽蚜小蜂，属昆虫纲膜翅目蚜小蜂科，是世界广泛商业化的用于控制温室作物粉虱的寄生蜂。主要分布在热带和亚热带地区，主要使用方式是蛹卡，因制作蛹卡形式不同，分为卡片式蛹卡、书本式书本卡和袋卡等。主要用于防治温室番茄、黄瓜的烟粉虱和白粉虱（图43、图44），也可小面积用于茄子和万寿菊等。对人、畜和天敌无毒无害，无残留，不污染环境。

丽蚜小蜂在温室中通常可存活10 ～ 15天，取食蜜露成虫可存活28天。成虫为了获得营养可直接刺吸粉虱若虫的体液而造成粉虱死亡，也可在粉虱三至四龄若虫体内产卵寄生，粉虱若虫四龄后因丽蚜小蜂卵发育快而死亡。单蜂约取食20头若虫，成蜂可寄

图43 被丽蚜小蜂寄生的烟粉虱

图44 被丽蚜小蜂寄生的白粉虱

生一至四龄若虫，但喜好寄生三龄若虫，其次为二龄若虫，一龄和四龄若虫不利于丽蚜小蜂产卵。成虫产卵前期小于24小时，产卵行为多发生在清晨，第三天达到产卵高峰，一生产卵平均128粒，日产卵平均5.5粒。卵在被寄生的粉虱体内孵化，幼虫也可取食粉虱的体液，约8天后变黑，再经过10天，成蜂在粉虱蛹体背部咬洞羽化而出。丽蚜小蜂成虫活泼，搜寻粉虱的能力强，扩散半径可达100米以上。

（1）在蔬菜生产上的应用。常用于防治连栋温室、日光温室、塑料大棚等保护地蔬菜和花卉上的烟粉虱和白粉虱。对目前为害猖獗的烟粉虱和白粉虱寄生效果可高达90%。育苗期间要做好清洁工作，定植前要彻底清洁、拔除杂草、安装防虫网，在靠近出口处挂黄板诱虫，也可在棚内均匀挂放黄板诱虫。①释放黑蛹。将存放于低温条件下的黑蛹或带有黑蛹的叶片取出，随机放在植株上，每株植株平均放5头黑蛹，隔7～10天释放1次，连续释放3～4次，平均每株上释放15头黑蛹，每亩释放0.5万～3万头。释放黑蛹的时间应比释放成蜂的时间提早23天。②释放成蜂。在放蜂前1天将存放在低温箱内的黑蛹取出，在27℃恒温室内促使丽蚜小蜂快速羽化，第二天计数后，将其轻轻抖到植株上。每隔7～10天释放1次，连续释放2～3次，每次每株释放5头，3次放蜂平均每株共放15头。在丽蚜小蜂与粉虱数量平衡后，可以停止放蜂，注意大棚保温，夜间温度最好保持在15℃以上。③挂蛹卡。商品丽蚜小蜂是尚未羽化出蜂的黑蛹，一般每张商品蜂卡上有100头黑蛹，可供30～50平方米温室防治白粉虱使用。在茄果类、瓜类定植1周后，开始使用丽蚜小蜂，只需要将商品蜂卡悬挂在作物中上部的枝杈上即可，丽蚜小蜂羽化后即可自动寻找粉虱并寄生粉虱的幼虫。丽蚜小蜂飞行能力较弱，需在大棚中均匀悬挂蜂卡。粉虱发生初期单株虫量0.1头左右时开始释放，每亩10 ～ 20张卡，即2 500 ～ 5 000头蜂。如果大棚防虫网能完全挡住粉虱进入，可停止放蜂。一般每隔7 ～ 10天释放一次，连续释放5 ～ 6次。为确保丽蚜小蜂的旺盛生命力以及防止高湿或水滴润湿蜂卡而造成丽蚜小蜂窒息或霉变不能羽化，大棚内应铺盖地膜并正常通风，温度应控制在20 ～ 35℃、夜间15℃以上。

（2）注意事项。天敌释放是否及时、数量是否适宜，直接影响防治效果，所以应做好测报工作，适时适量释放天敌。防治白粉虱除要做好清洁苗培育工作外，还应使用防虫网防止外界粉虱大量迁入温室，在生产中可以在靠近通道的位置挂放黄板作为预测预报指示。

应用丽蚜小蜂防治温室白粉虱是否成功，关键在于温度控制好与否。丽蚜小蜂的发育适温较高，而白粉虱的发育适温较低。在较高温度（27℃）条件下，丽蚜小蜂的发育速度比白粉虱快1倍，而在较低温度（18.3℃）条件下，白粉虱的发育速度比丽蚜小蜂快9倍。因此，在温室内必须营造有利于丽蚜小蜂而不利于白粉虱的温度环境，才能使丽蚜小蜂始终处于发育繁殖的优势地位，发挥长期抑制白粉虱的作用。白粉虱成虫对黄色有趋性，在温室中用黄板诱杀白粉虱成虫效果很好，而且对黑蛹和寄生蜂比较安全。

蛹卡的贮存温度在11 ～ 13℃，可贮存20天，黑蛹贮存后2～3天即开始羽化。蛹卡在6～8℃于密封的容器中最多贮存3～4天，长期贮存会导致其寄生能力降低。高温对丽蚜小蜂存活有抑制作用。

严禁在放蜂地块使用烟雾剂。

5.赤眼蜂

赤眼蜂属于膜翅目赤眼蜂科，可寄生于鳞翅目、半翅目、直翅目、鞘翅目、同翅目、膜翅目、广翅目和革翅目等10个目200多属400多种昆虫卵内（图45）。目前赤眼蜂的防治对象有20多种农林作物的60多种害虫，主要有玉米螟、棉铃虫、黏虫、黄地老虎、草地螟、菜粉蝶、甘蓝夜蛾、豆荚螟、豆天蛾、芋天蛾、尺蠖、菜螟、刺蛾等。其中以菜青虫、小菜蛾等鳞翅目昆虫的寄主最多。在我国已成为应用面积最大、防治害虫最多的一类天敌。目前用于生产的商品蜂有松毛虫赤眼蜂、广赤眼蜂、甘蓝夜蛾赤眼蜂等，主要使用方式是卵卡或瓶装的寄生卵，对人、畜和天敌动物无毒无害。

赤眼蜂为延续后代种群数量，雌成虫专门寄生害虫卵来繁殖后代。大多数雌蜂和雄蜂的交配在寄主体内完成后，雌蜂用口器咬破卵壳爬出寄主卵，然后在自然环境中靠触角上的嗅觉器寻找寄主卵。找到寄主卵后先用触角点触寄主，徘徊片刻爬到其上，用腹部末端的产卵器向寄主体内探钻，把卵产在其中，这些卵孵化出的赤眼蜂幼虫就取食害虫卵内的营养物质，等害虫卵的营养物质被破坏或被耗尽时，害虫卵的生命就会终结，这样就把害虫消灭在卵阶段，害虫种群数量受到很大影响从而降低或减轻其危害达到控制害虫的目的。

图45　赤眼蜂成虫

（1）在蔬菜生产上的应用。可防治露地以及连栋温室、塑料大棚内的菜青虫、小菜蛾、甘蓝夜蛾、棉铃虫、玉米螟等害虫。应及时做好田间害虫发生测报工作，发现鳞翅目害虫后及时准备释放赤眼蜂加以防治。防治连栋温室、塑料大棚内的鳞翅目害虫要以防为主，通过安装防虫网，出口安装门帘等措施预防害虫迁入。确定田间害虫卵发生期后在卵发生期将赤眼蜂卵卡挂到田间。一般在傍晚时放蜂，从而降低新羽化的赤眼蜂遭受日晒的可能性。放蜂时，将卵卡挂在每个放蜂点植株中部的主茎上。赤眼蜂的主动有效扩散范围在10米左右，因此放蜂点一般掌握在每亩8 ～ 10点，放蜂点在田间应分布均匀。在鳞翅目害虫初卵期开始释放，每卡有效蜂量1 000头以上，每亩均匀悬挂8～10卡即8 000～10 000头蜂，每3天挂1次，常年一个世代需挂3次，防治效果可高达85%～90%。在鳞翅目害虫的防治中，释放赤眼蜂可以基本控制住害虫，个别虫量过多时期，可用苏云金杆菌除治残虫。

（2）注意事项。天敌释放是否及时，数量是否适宜，直接影响防治效果。应做好测报工作，适时适量释放天敌，田间调查到害虫卵后就可以开始放蜂，不能等到卵大量孵化时才释放赤眼蜂，放蜂量可适当少一些，在害虫产卵盛期要适当加量释放，产卵末期可适当减量释放，产卵多的地块可适当加量释放。

要坚持连续连片大面积地放蜂，放蜂地点要远离化学防治地块，以发挥赤眼蜂的控制效果。放蜂常在出蜂前1～2天及时进行，这样可避免放蜂效果受影响。赤眼蜂的活动和扩散能力受风的影响较大，因此大面积放蜂要注意分布均匀，在上风头放蜂点适当增加放蜂量。

温室内释放赤眼蜂要注意控制温度，温度高于35℃对赤眼蜂的存活与产卵都不利，因此要结合作物生理需求采取必要的降温措施。

一般作物高大茂盛、植被复杂的环境有利于赤眼蜂的活动和寄生，靠近果园、树木茂密的农田赤眼蜂自然寄生率较高，因此农田环境对释放赤眼蜂的效果有较大影响，特别对赤眼蜂在农田中的自然繁殖影响更为显著，对维持一个较长久、稳定的种群密度和提高释放赤眼蜂的后续效应影响也较大。另外，某些作物有利于赤眼蜂自然种群的繁殖增长，如间作少量玉米、绿豆有利于保护赤眼蜂，提高其寄生率。

放蜂的方法要正确，放蜂前要将大片蜂卡撕成50 ~ 60粒的小块，注意尽量不要弄掉蜂卡上的卵粒。小块的蜂卡用大头针、图钉或者牙签钉牢在植物体上背阴部位，如枝条或叶片背面处，卵粒朝外，避免阳光直射。放蜂时要注意不要将蜂卡用叶片卷放，也不要夹在叶鞘处或扔在叶心里，避免蜂卡发霉而影响效果。

赤眼蜂卡在取运时，使用透气的纸袋，切忌使用塑料袋，以防闷死卵，于5 ~ 10℃、黑暗的条件下可贮存3 ~ 4天。

天敌对多数化学农药特别敏感，化学农药的施用严重影响放蜂效果，应特别注意选择对天敌安全或影响很小的农药。

6.捕食螨

捕食螨是许多益螨的总称，其范围很广，包括赤螨科、大赤螨科、绒螨科、长须螨科和植绥螨总科等。而目前研究较多的已用于生产中防治害螨的捕食螨还局限于植绥螨科中的如下种类：胡瓜钝绥螨、智利小植绥螨、瑞氏钝绥螨、长毛钝绥螨、巴氏钝绥螨、加州钝绥螨、尼氏钝绥螨、德氏钝绥螨和拟长毛钝绥螨等。利用捕食螨防治农业害螨用于生产无公害或有机农产品的技术称为“以螨治螨”(图46)。

图46　释放捕食螨防治草莓上的叶螨、蓟马等

(1) 捕食螨防治叶螨。利用捕食螨对叶螨的捕食作用，特别是对叶螨卵以及低龄螨态叶螨的捕食而达到抑害和控害目的，是安全持效的叶螨防控措施。

蔬菜如黄瓜、茄子、辣椒等上发生的叶螨主要有朱砂叶螨、二斑叶螨等，其天敌捕食螨的主要本土种类有拟长毛钝绥螨、长毛钝绥螨、巴氏钝绥螨等。

引进种智利小植绥螨是叶螨属叶螨的专性捕食性天敌，对叶螨有极强的控制能力，以作物上刚发现叶螨时释放效果最佳，严重时2～3周后再释放1次。每平方米释放智利小植绥螨3～6头，在叶螨为害中心，可释放20头，或按智利小植绥螨：叶螨（包括卵）1∶10的比例释放。叶螨发生重时加大用量。

应在叶螨低密度时释放拟长毛钝绥螨，按拟长毛钝绥螨：叶螨为1∶(3～5)的比例释放。叶螨刚发生时释放1次，发生严重时可增加释放2～3次。

释放瓶装的捕食螨时，旋开瓶盖从盖口的小孔将捕食螨连同包装基质轻轻放于植物叶片上。不要直接打开瓶盖把捕食螨释放到叶片上，因为数量难以控制，很可能局部释放数量过大。不要剧烈摇动，否则会杀死捕食螨。

捕食螨送达后要立即释放。对于智利小植绥螨特别是其卵来说，相对湿度大于60%对于其生存是必需的，并且要黑暗低温（5 ~ 10℃）保存，避免强光照射。产品运达后要立即使用，产品质量会随贮存时间延长而下降。若放在低温环境下保存，使用前要置于室温10 ~ 20分钟。对于拟长毛钝绥螨来说，必须保存时，需低温（5 ~ 10℃）并避免强光照射，置室温10 ~ 20分钟后再使用，产品质量会随贮存时间延长而下降。两者均在温暖、潮湿的环境中使用效果较好，而高温、干旱时释放效果差。如果温室或大棚温度过低应尽可能通过弥雾法增加湿度。捕食螨对农药敏感，释放后禁用农药。

（2）捕食螨防治蓟马。利用捕食螨对蓟马的捕食作用，特别是针对蓟马不同的生活阶段，如对叶片上的蓟马初孵若虫以及对落入土壤中的老熟幼虫、预蛹及蛹的捕食作用，而达到抑害和控害目的，是安全持效的蓟马防控措施。

蔬菜上发生的主要蓟马种类有烟蓟马和棕榈蓟马等，目前已成为国内多种蔬菜如辣椒、黄瓜、茄子等上严重发生的种类。这些蓟马的天敌捕食螨的本土主要种类有巴氏钝绥螨、剑毛帕厉螨等。

巴氏钝绥螨适用于黄瓜、辣椒、茄子、菜豆、草莓等，在15 ~ 32℃、相对湿度大于60%条件下防治蓟马、叶螨，兼治茶黄螨、线虫等。剑毛帕厉螨，适用于所有被蕈蚊或蓟马侵害的作物，适宜在20 ~ 30℃、潮湿的土壤中使用，可捕食蕈蚊幼虫、蓟马蛹、蓟马幼虫、线虫、叶螨、跳甲、粉蚧等，在作物上刚发现蓟马或作物定植后不久释放效果最佳，严重时2 ~ 3周后再释放1次。对于剑毛帕厉螨来说，应在新种植的作物定植后的1 ~ 2周释放捕食螨，经2 ~ 3周后再次释放捕食螨以增加其种群数量。

对已种植区或预使用的种植介质中可以随时释放捕食螨，至少每2 ~ 3周再释放1次。用于预防性释放时，每平方米释放50 ~ 150头；用于防治性释放时，每平方米释放250 ~ 500头。巴氏钝绥螨可每1 ~ 2周释放1次，可挂放在植物的中部或均匀撒到植物叶片上。释放剑毛帕厉螨前旋转包装容器用于混匀包装介质内的剑毛帕厉螨，然后将培养料撒于植物根部的土壤表面。

收到巴氏钝绥螨后要立即释放，虽可在8 ~ 15℃条件下贮存，但不应超过5天，巴氏钝绥螨对化学农药敏感，释放前一周内及释放后禁用化学农药，但可与植物源农药及其他天敌如小花蝽、寄生蜂、瓢虫等同时使用。收到剑毛帕厉螨后在24小时内释放，避免挤压；若需短期贮存，可在15 ~ 20℃、黑暗条件下贮存2天，释放期保持温度15 ~ 25℃。不要将剑毛帕厉螨和栽植介质混合，释放剑毛帕厉螨主要起到预防作用，尤其是作物种植的幼苗期和扦插期，暴露于高于35℃或低于10℃的温度环境下可能会被杀死；被石灰和农药处理过的土壤不要使用剑毛帕厉螨，剑毛帕厉螨可与其他天敌同时使用。

（三）天敌昆虫利用方式及评价

根据靶标作物（温室番茄、茄子、辣椒及黄瓜）全生育期害虫群落发生情况，确定天敌昆虫的应用方法。在天敌单独应用方法基础上，进一步明确其应用参数及复合释放防治多害虫发生情况。

1.天敌单独应用及量化参数

根据已报道的相关天敌生物生态学特性（起点温度/有效积温/卵—成虫历期/单雌产卵/成虫寿命/存活率等），补充温室条件下天敌—害虫的试验种群生命表及捕食功能反应等（丽蚜小蜂、异色瓢虫、东亚小花蝽等），分析确定了天敌释放数量（益害比）及控害预期。根据天敌在目标生态条件下的控害和扩散行为等研究，明确了释放点数、次数和时间等参数（表8）。

表8　温室蔬菜几种主要害虫的天敌应用技术参数

天敌—害虫	释放时期	益害比	次数（次）	释放量	日释放时间	释放部位
丽蚜小蜂—烟粉虱	害虫发生初期	1∶1	2～3	每100米^2 7点	8:00	中下部叶
东亚小花蝽—西花蓟马	害虫发生初期	1∶20	2～3	每100米^2 15点	早上及傍晚	中上部叶

(续)

天敌—害虫	释放时期	益害比	次数（次）	释放量	日释放时间	释放部位
异色瓢虫幼虫—蚜虫	蚜株率50%以下	1：20	7	每株释放	白天	上部叶片
	蚜株率80%以上	1：10	12	每株释放		上部叶片

2.多种天敌组合防治单种害虫

每种天敌都有偏好的害虫种类、龄期及其对生态条件的适应性，而一种害虫往往有多个天敌。研究发现多个天敌组合不一定会提高田间控害效果，有些天敌种间会产生相互作用。

（1）浅黄恩蚜小蜂和丽蚜小蜂组合释放防治粉虱类害虫。两种寄生蜂组合释放与丽蚜小蜂单独释放的控害（寄生和取食寄主）可以将粉虱类害虫种群持续稳定地控制在较低水平，但两处理间不存在明显差异；在40天时，单独释放丽蚜小蜂控害率最高，其次是两种寄生蜂组合释放，而单独释放浅黄恩蚜小蜂最低。丽蚜小蜂的存在会干扰浅黄恩蚜小蜂的控害作用，浅黄恩蚜小蜂不能竞争替代丽蚜小蜂。也表明生态位相似的天敌的组合释放在实际应用中存在消极影响。

（2）东亚小花蝽和丽蚜小蜂组合释放防治粉虱类害虫。释放天敌3周后，对于烟粉虱一龄和二龄若虫，组合释放的控害效果好于单独释放，组合释放具有增效作用；对于烟粉虱三龄和四龄若虫，增效与干扰作用均不明显。

（3）异色瓢虫、浅黄恩蚜小蜂和丽蚜小蜂组合释放防治粉虱类害虫。异色瓢虫对烟粉虱的若虫，特别是被寄生个体，表现出极低的攻击欲望，但其存在会严重影响寄生蜂的子代孵化率；两种寄生蜂均在与瓢虫组合时表现出更高的寄生效率，异色瓢虫充当了一个刺激寄生蜂种间竞争的角色。

3.多种天敌复合防治多种害虫

随着提高综合生态效应与保护农业生态安全逐步成为农业植物保护工作的基准，人们开始着眼于针对指定的靶标农业生态系统而不是单一作物上的单一害虫而开展天敌昆虫的选择与释放工作。

当蔬菜生产中同一个时间段内有多种害虫危害时，可以利用多种天敌复合防治多种害虫。主要有以下3种复合释放模式：①丽蚜小蜂、浅黄恩蚜小蜂、异色瓢虫复合控制番茄粉虱、蚜虫；②东亚小花蝽、龟纹瓢虫、捕食螨、丽蚜小蜂复合控制青椒蓟马、蚜虫、叶螨、粉虱；③异色瓢虫、丽蚜小蜂、捕食螨复合控制茄子蚜虫、叶螨、粉虱。但在实际应用中需要根据蔬菜田间不同害虫种群发生动态的监测数据，灵活调整相对应天敌的释放时间和数量。

通过多种天敌复合防治多种害虫的方式，不但可以形成“天敌+害虫”的稳定生态群落，而且可以针对不同时期的优势害虫，自我调节天敌群落的结构规模，主动防御害虫，抑制害虫暴发。此外，这种复合释放方式，提高了靶标生态系统中的多样性水平，缓冲了生态竞争，也有效地减少了天敌昆虫种群发展后对非靶标昆虫带来的生态风险。

4.天敌昆虫利用效益评价

利用构建天敌昆虫生命表及多目标决策数学模型，进行天敌昆虫利用效益评价。例如应用生命表评价温室波动温度下异色瓢虫，发现温室中异色瓢虫发育历期显著延长，成虫寿命显著缩短，产卵量显著下降，且总产卵前期延长。温室波动温度下异色瓢虫的内禀增长率、周限增长率、净增殖率均显著降低，但是平均世代周期显著延长。说明温室实际释放瓢虫时，应根据其生命表参数设计释放技术和策略。此外在温室内建立丽蚜小蜂和浅黄恩蚜小蜂生命表，表明在应用寄生蜂防治温室白粉虱时，单独释放丽蚜小蜂比单独释放浅黄恩蚜小蜂表现出更高的防治潜能。

（四）生物防治微生物源应用方法

1.白僵菌

白僵菌，属微生物源、真菌、低毒杀虫剂，有效成分为白僵菌的活孢子（图47）。是由昆虫病原真菌半知菌类丛梗孢目丛梗孢科白僵菌属发酵加工成的制剂，原药为乳白色粉末，制剂为乳黄色粉状物。主要剂型：50亿～80亿个活孢子/克粉剂。白僵菌有两个种：球孢白僵菌，球形孢子占50%；卵孢白僵菌，卵

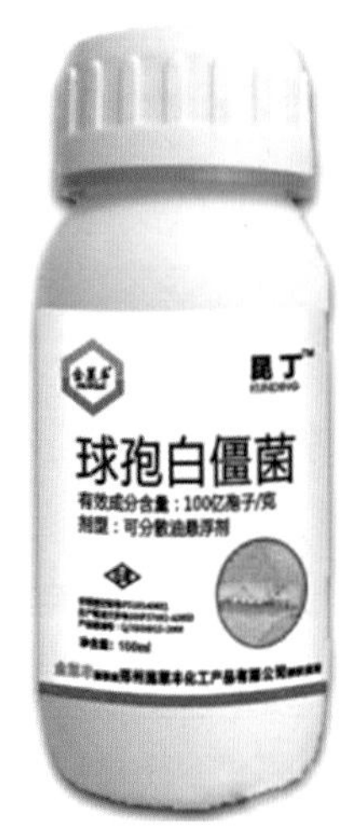

图47　商品化的白僵菌

形孢子占98%。这两种真菌均属好氧性菌，在培养基上可存活1～2年，低温干燥下存活5年，虫体上可存活6个月，阳光直射很快失活。主要用于防治鳞翅目害虫。

白僵菌杀虫是靠其分生孢子接触虫体后，在适宜的温度和湿度条件下萌发，生出芽管，穿透虫体壁伸入虫体内，大量繁殖菌丝，分泌毒素（白僵菌素），影响虫体血液循环干扰其新陈代谢，2～3天后昆虫死亡。死虫因体内水分很快被菌丝吸尽而干硬，菌丝沿尸体气门间隙或环节间膜伸出体外，产生分生孢子，呈白色茸毛状，叫白僵虫。大量白僵菌分生孢子可借助风力扩散，或被害虫主动接触虫尸，而使其继续侵染其他昆虫个体，蔓延而使害虫大量死亡，一个侵染周期7～10天。

（1）使用方法。①喷雾法。将菌粉制成浓度为1亿～3亿个活孢子/毫升菌液，加入0.01%～0.05%洗衣粉液作为黏附剂，用喷雾器将菌液均匀喷洒于虫体和枝叶上。也可把因白僵菌侵染而死的虫体收集并研磨，兑水稀释成菌液（每毫升菌液含活孢子1亿个以上）喷雾，即100个死虫体，兑水80～100千克喷雾。②喷粉法。将菌粉加入填充剂，稀释到1克含1

亿～2亿个活孢子的浓度，用喷粉器喷菌粉，但喷粉效果常低于喷雾。③土壤处理法。防治地下害虫，将“菌粉+细土”制成菌土，按每亩用菌粉3.5千克，用细土30千克混拌均匀即制成菌土，含活孢子量在1亿个/厘米^{3}左右。施用菌土分播种和中耕两个时期，在表土10厘米内使用。

（2）在蔬菜生产上的应用。白僵菌可寄生鳞翅目、同翅目、膜翅目、直翅目等200多种昆虫和螨类。球孢白僵菌杀虫谱广，用得较多。卵孢白僵菌对蛴螬等地下害虫有特效。①防治地下害虫。布氏白僵菌或球孢白僵菌可防治大黑鳃金龟、暗黑鳃金龟、铜绿丽金龟和四纹丽金龟等金龟子成虫和幼虫，可单用菌剂，也可和其他农药混用。单用菌剂时（含17亿～19亿个活孢子/克）每亩用量是3千克。②防治大豆食心虫、豆荚螟、造桥虫等豆科植物害虫。可喷雾或喷粉。将菌粉掺入一定比例的白陶土，粉碎稀释成20亿个活孢子/克的粉剂喷粉，或用100亿～150亿/个活孢子/克的原菌粉，加水稀释成0.5亿～2亿/个活孢子/毫升的菌液，再加0.01%的洗衣粉，用喷雾器喷雾。③防治玉米螟。每亩玉米田每次用0.5千克70亿个活孢子/克白僵菌粉剂与5千克沙子拌成颗粒剂，在玉米心叶期撒于喇叭口内，每株2克左右。

（3）注意事项。在养蚕区禁止使用白僵菌制剂；菌液应随配随用，在阴天、雨后或早晚湿度大时，配好的菌液要在2小时内用完，以免孢子过早萌发，失去侵染能力；在害虫卵孵化盛期施用白僵菌制剂时，可与化学农药混用，以提高防效，但不能与杀菌剂混用；害虫感染白僵菌死亡的速度缓慢，一般经4 ~ 6天后才死亡，因此要注意在害虫密度较低的时候提前施药；为提高防治效果，菌液中可加入少量洗衣粉；菌剂应在阴凉干燥处贮存，过期菌粉不能使用。

2.绿僵菌

绿僵菌属半知菌类丛梗菌目丛梗霉科绿僵菌属，是一种广谱的昆虫病原菌（图48），在国外应用其防治害虫的面积超过了白僵菌，防治效果可与白僵菌媲美。属低毒杀虫剂，对人畜和天敌昆虫安全，不污染环境。绿僵菌寄主范围广，可寄生8目30科的200余种害虫，主要用于防治金龟子、象甲、金针虫、蛾蝶幼虫、蝽和蚜虫等害虫，绿僵菌有金龟绿僵菌和黄绿绿僵菌等变种，生产上主要用金龟绿僵菌变种的制剂来防治害虫。主要剂型为23亿～28亿个活孢子/克粉

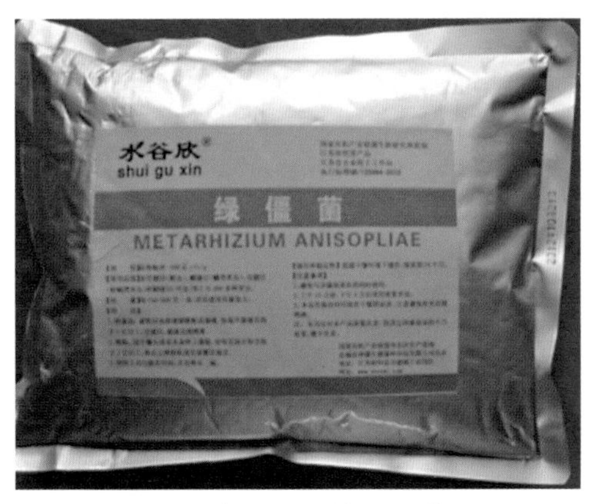

图48　商品化的绿僵菌

剂、10%颗粒剂和20%杀蝗绿僵菌油悬剂。

绿僵菌以孢子发芽侵入害虫体内并在体内繁殖和形成毒素而导致害虫死亡，死虫体内的病菌孢子散出后可侵染其他害虫，在害虫种群内形成重复侵染，在一定时间内引起大量害虫死亡，故一次施药持效期很长。

（1）使用方法。①防治蛴螬。包括东北大黑鳃金龟、暗黑金龟子、铜绿丽金龟等的多种幼虫。采用菌土法施药，每亩用菌剂2千克，拌细土50千克，中耕时撒入土中；也可采取菌肥方式施用，用菌剂2千克，与100千克有机肥混合后，结合施肥撒入田中。据调查，防效达64%～66%，以中耕时施药效果最好。②防治小菜蛾和菜青虫。用绿僵菌菌粉兑水稀释成每毫升含孢子0.05亿～0.1亿个的菌液喷雾。

（2）注意事项。部分化学杀虫剂对绿僵菌分生孢子萌发有抑制作用，浓度越高，抑制作用越强；绿僵菌虽然对环境相对湿度有较高要求，但其油剂在空气相对湿度达35%时即可感染蝗虫致其死亡；田间应用时，应依据虫口密度适当调整施用量，在虫口密度大的地区可适当提高用量，如饵剂可提高到每亩250～300克，以迅速提高其前期防效；禁止与杀菌剂混用；在养蚕区禁止使用绿僵菌制剂；在阴天、雨后或早晚湿度大时使用，效果最好；配好的菌液要在2小时内用完，以免孢子过早萌发，失去侵染能力；害虫初发期和中耕翻田时施用效果好。

3.苏云金杆菌

苏云金杆菌属微生物源、细菌性、广谱、低毒杀虫剂（图49）。主要剂型：Bt乳剂（100亿个活孢子/毫升），菌粉（100亿个活孢子/克），3.2%、10%、50%可湿性粉剂，100亿、150亿活芽孢/克可湿性粉剂，100亿活芽孢/克悬浮剂。

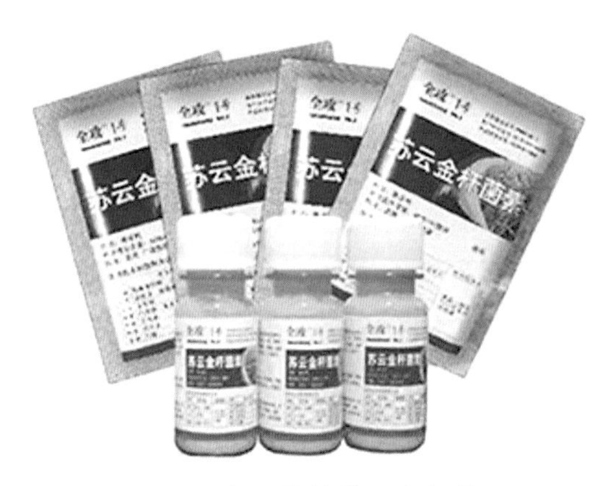

图49　商品化的苏云金杆菌

苏云金杆菌进入昆虫消化道后，可产生两大类毒素：内毒素（即伴孢晶体）和外毒素（α外毒素、β外毒素和γ外毒素）。伴孢晶体是主要的毒素，它被昆虫碱性肠液破坏成较小单位的δ-内毒素，使中肠停止蠕动、瘫痪、中肠上皮细胞解离，停食，芽孢则在中肠中萌发，经被破坏的肠壁进入血腔，大量繁殖，使虫得败血症而死。外毒素作用缓慢，但在蜕皮和变态时作用明显，这两个时期正是RNA（核糖核酸）合成的高峰，外毒素能抑制依赖于DNA（脱氧核糖核酸）的RNA聚合酶。

（1）在蔬菜生产上的应用。主要用于防治斜纹夜蛾幼虫、甘夜蛾幼虫、棉铃虫、甜菜夜蛾幼虫、灯蛾幼虫、小菜蛾幼虫、豇豆荚螟幼虫、黑纹粉蝶幼虫、粉斑夜蛾幼虫、大菜螟幼虫、菜野螟幼虫、马铃薯甲虫、葱黄寡毛跳甲、烟青虫、菜青虫、小菜蛾幼虫等。①喷雾。防治十字花科蔬菜菜青虫、小菜蛾。幼虫三龄前每亩用8 000国际单位/毫克苏云金杆菌可湿性粉剂100 ~ 300克，或16 000国际单位/毫克可湿性粉剂100 ~ 150克，或32 000国际单位/毫克可湿性粉剂50 ~ 80克，或2 000国际单位/微升悬浮剂200 ~ 300毫升，或4 000国际单位/微升悬浮剂100 ~ 150毫升，或8 000国际单位/微升悬浮剂50 ~ 75毫升，或100亿活芽孢/克可湿性粉剂100 ~ 150克，兑水30 ~ 45千克均匀喷雾。防治大豆天蛾、甘薯天蛾，幼虫孵化盛期，每亩用8 000国际单位/毫克苏云金杆菌可湿性粉剂200 ~ 300克，或16 000国际单位/毫克可湿性粉剂100 ~ 150克，或3 200国际单位/毫克可湿性粉剂50 ~ 80克，或2 000国际单位/微升悬浮剂200 ~ 300毫升，或4 000国际单位/微升悬浮剂100 ~ 150毫升，或8 000国际单位/微升悬浮剂50 ~ 75毫升，兑水30 ~ 45千克均匀喷雾。②利用虫体。可把因感染苏云金杆菌而死变黑的虫体收集起来，用纱布包住在水中揉搓，一般每亩用50克虫体，兑水50千克喷雾。③撒施。主要用于防治玉米螟，在喇叭口期用药。一般每亩用100亿个活芽孢/克苏云金杆菌可湿性粉剂150 ~ 200克，拌细土均匀，心叶撒施。

（2）注意事项。①在蔬菜收获前1 ~ 2天停用。药液应随配随用，不宜久放，从稀释到使用，一般不能超过2小时。②苏云金杆菌制剂杀虫的速效性较差，一般以害虫在一龄、二龄时防治效果好，取食量大的老熟幼虫往往比取食量小的幼虫作用更好，老熟幼虫化蛹前摄食菌剂后可使蛹畸形或在化蛹后死亡。所以当田间虫口密度较小或害虫发育进度不一致，世代重叠或虫龄较小时，可推迟施菌日期以便减少施菌次数，节约投资。对生活习惯隐蔽又没有转株为害特点的害虫，必须在害虫蛀孔、卷叶隐蔽前施用菌剂。③因苏云金杆菌对紫外线敏感，故最好在阴天或晴天下午5时后喷施，需在18℃以上使用，30℃左右时，防治效果最好，害虫死亡速度较快，18℃以下或30℃以上使用都无效。④加黏着剂和肥皂可增强防治效果。如果不下雨喷施1次，下雨15 ~ 20毫米则要及时补施，有效期为5 ~ 7天，5 ~ 7天后再喷施，连续几次即可。⑤只能防治鳞翅目害虫，如有其他种类害虫发生，需要与其他杀虫剂一起喷施。不能与杀细菌的药剂一起喷施。⑥购买苏云金杆菌制剂时要特别注意产品的有效期，最好购买刚生产不久的新产品，否则影响效果。⑦对蚕剧毒，在养蚕地区使用时，必须注意勿与蚕接触。⑧应保存在低于25℃的干燥阴凉仓库中，防止曝晒和调湿以免变质，有效期2年。由于苏云金杆菌的质量好坏以其毒力大小为依据，存放时间太长或存放方式不合适会降低其毒力，因此，应对产品做必要的生物测定。⑨一般作物安全间隔期为7天，每季作物最多使用3次。

4.蜡蚧轮枝菌

蜡蚧轮枝菌属半知菌类，能寄生蚧类、蚜虫类、螨类和粉虱等害虫，还可寄生某些鳞翅目害虫、线虫和蓟马等。对人、畜、家禽无毒，不污染环境。主要剂型：粉剂（每克含23亿～28亿个活孢子）、可湿性粉剂。制剂适合在12～35℃的温度和湿度大时使用（图50）。

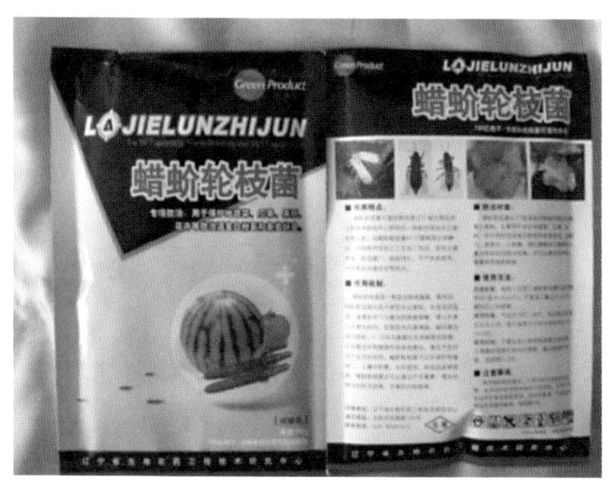

图50　商品化的蜡蚧轮枝菌

蜡蚧轮枝菌通过与昆虫体壁接触感染传病。当分生孢子或菌丝落于虫体表面时，在适温和空气相对湿度为85%～100%时或体表有自由水存在的条件下，孢子很容易萌发穿透寄主表皮。侵入寄主体内的菌丝，在血淋巴和昆虫组织中形成菌丝体进行分支生长，吸取虫体的营养和水分等，致使虫体循环受阻，组织细胞受到机械破坏，最终因生理饥饿而死。死虫体内的病菌孢子散出后，可侵染其他健康虫体，在害虫种群内形成重复侵染，在一定时间内可引起大量害虫死亡。故一次施药持效期很长。

(1) 在蔬菜生产上的应用。①防治蚜虫。把粉剂稀释成每毫升含0.1亿个孢子的孢子悬浮液喷雾。②防治温室白粉虱。稀释到每毫升含0.3亿个孢子的孢子悬浮液喷雾，③防治蛴螬、象甲、金针虫、蝽。采用菌土施药，每亩用菌剂2千克，拌细土50千克，中耕时撒入土中；也可采取菌肥方式施用；用菌剂2千克，与100千克有机肥混合后，结合施肥撒入田中。

(2) 注意事项。可以和某些杀虫剂、杀螨剂和杀菌剂混合使用。

5.棉铃虫核型多角体病毒

棉铃虫核型多角体病毒，属微生物源、核型多角体病毒、低毒杀虫剂。主要剂型：20亿PIB/毫升悬浮剂，10亿PIB/克可湿性粉剂，600亿PIB/克水分散粒剂(PIB为病毒粒子单位)（图51）。

图51　商品化的棉铃虫核型多角体病毒

棉铃虫核型多角体病毒经口或伤口感染虫体。当棉铃虫核型多角体病毒被幼虫取食后，病毒感染细胞，直到棉铃虫死亡。病虫粪便和死亡虫体再传染其他棉铃虫幼虫，使病毒在害虫种群中流行，从而控制害虫。病毒也可通过卵传给昆虫后代。对人畜安全，不伤害天敌，长期使用棉铃虫不会产生抗性，第二年也有杀虫效果，可减少用药次数降低成本。

（1）在蔬菜生产上的应用。棉铃虫核型多角体病毒是防治棉铃虫的特效药，还可防治菜青虫、玉米螟、小菜蛾和棉红铃虫等。①防治棉铃虫、菜青虫。从发生初期或卵孵盛期开始喷雾，5 ~ 7天后再喷施1次，每亩菜田每次用10亿PIB/克棉铃虫核型多角体病毒可湿性粉剂100 ~ 150克，或20亿PIB/毫升悬浮剂80 ~ 100毫升，或600亿PIB/克水分散粒剂2 ~ 2.5克，兑水30 ~ 45升喷雾。②防治小菜蛾。用20亿PIB/毫升棉铃虫核型多角体病毒按使用说明要求喷雾，喷药3天后，能有效杀灭萝卜小菜蛾，对于对菊酯类、苏云金杆菌等农药抗性强的小菜蛾防治率高，是目前防治抗性小菜蛾可选择的效果较好的药物之一。

（2）注意事项。①棉铃虫核型多角体病毒可湿性粉剂不能与酸性物质混放或混合，不能与化学杀菌剂混用，与苏云金杆菌混用有明显的增效作用。②棉铃虫核型多角体病毒杀虫作用缓慢，从喷药到死虫一般需要数天时间，喷药时注意环境条件，尽量选择阴天或晴天的早、晚进行，不能在高温、强光条件下喷药，喷药当天如遇降雨应补喷，喷雾液滴需完全覆盖叶片。③感染的害虫死亡后，体内的病毒可向四周传播，使其他虫体感病死亡，在施药后的第二年对害虫仍然有效，因此根据虫情可适当减少施药次数以降低防治成本。④在瓜类、甜菜、高粱等作物上慎用。⑤本剂为活体生物菌剂，须在保质期内用完，不宜用过期失效的陈药，应现配现用，配制好的药液要在当天用完，药液不宜久置。⑥应在阴凉干燥处保存，不得曝晒或雨淋，需要在0～5℃环境中较长期贮存，正常贮存条件下保质期一般为2年。

6.多杀霉素

多杀霉素，属微生物源杀虫剂，毒性极低。主要剂型：2.5%悬浮剂、48%悬浮剂。是一种微生物代谢产生的纯天然活性物质，具很强的杀虫活性和安全性，能有效防治蓟马和鳞翅目如小菜蛾、甜菜夜蛾、烟青虫、棉铃虫等多种蔬菜害虫。也对部分双翅目(如潜叶蝇、蚊、蝇等)、鞘翅目、膜翅目害虫有杀虫活性。

具胃毒和触杀作用，以胃毒为主，其杀虫机理是激活乙酰胆碱受体，引起昆虫的神经痉挛、肌肉衰弱，最终导致昆虫麻痹而死。

(1) 在蔬菜生产上的应用。主要用于防治小菜蛾低龄幼虫、甜菜夜蛾低龄幼虫、蓟马、马铃薯甲虫、茄黄斑螟幼虫等。

防治十字花科蔬菜小菜蛾、菜青虫，在低龄幼虫期施药，用2.5%多杀霉素悬浮剂1 000～1 500倍液，或每亩用10%多杀霉素水分散粒剂10 ～ 20克，兑水30 ～ 50千克均匀喷雾。根据害虫发生情况，可连续用药1 ～ 2次，间隔5 ～ 7天。

防治茄子、辣椒上的蓟马，用2.5%多杀霉素悬浮剂1 000 ～ 1 500倍液，于蓟马发生初期喷雾，重点喷洒幼嫩组织，如花、幼果、顶尖及嫩梢。隔5 ～ 7天施药1次，共2 ～ 3次。

防治瓜果蔬菜上的甜菜夜蛾，于低龄幼虫时期施药，每亩用2.5%多杀霉素悬浮剂50 ～ 100毫升，兑水30 ～ 50千克喷雾，傍晚施药防虫效果最好。

防治菜田中的棉铃虫、烟青虫，在幼虫低龄发生期，每亩用48%多杀霉素悬浮剂4.2 ～ 5.6毫升，兑水20 ～ 50千克喷雾。

（2）注意事项。本品为低毒微生物源杀虫剂，但使用时仍应注意安全防护；无内吸性，喷雾时应均匀周到，叶面、叶背及叶心均需着药；为延缓耐药性产生，每季蔬菜喷施2次后要换用其他杀虫剂；多杀霉素为悬浮剂，易黏附在包装袋或瓶壁上，应用水将其洗下进行二次稀释，力求喷雾均匀；棚室高温下瓜类、莴苣苗期慎用；可能对鱼或其他水生生物有毒，应避免污染水源和池塘等；对蜜蜂高毒，应避免直接施用于开花期的蜜源植物上，避开养蜂场所，最好在黄昏后施药；药液贮存在阴凉干燥处；25%多杀霉素悬浮剂用于茄子，安全间隔期为3天，每季作物最多使用1次，用于甘蓝，安全间隔期为3天，每季作物最多使用3次。

（五）植物源杀虫剂应用方法

1.除虫菊素

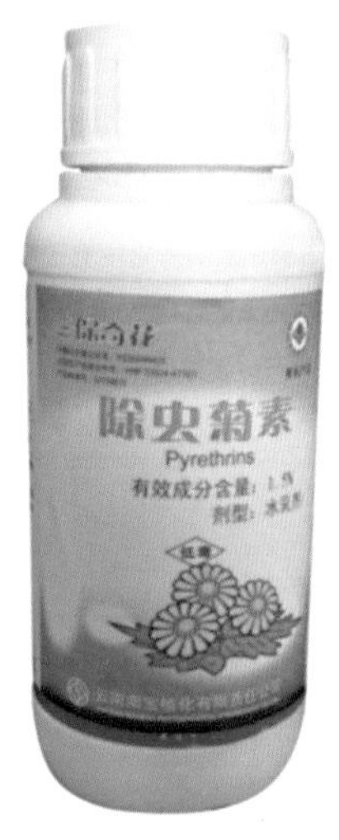

图52　商品化的除虫菊素

除虫菊素，是以多年生草本植物除虫菊的花为主要原料加工的植物源杀虫剂（图52）。主要剂型：0.5%、1.5%可湿性粉剂，0.5%粉剂，3%、5%、6%乳油，3%、5%水乳剂，3%微胶囊悬浮剂，主要用于防治蚜虫、蓟马、飞虱、叶蝉、菜青虫、猿叶虫、蝽等，低毒。

与害虫体表接触后，能够快速渗透，直接作用于神经系统，快速击倒和杀死害虫。但在击倒剂量下，害虫有可能通过自身的代谢酶降解除虫菊素的作用，产生复苏现象。对人、畜安全，不污染环境，不易产生耐药性。

（1）在蔬菜生产上的应用。①喷粉。防治棉蚜、菜蚜、蓟马、飞虱、叶蝉、菜青虫、猿叶虫等，每亩喷0.5%粉剂2 ～ 4千克，在晴天无风时喷撒。②喷雾。可防治蚜虫、蓟马、猿叶虫、金花虫、蝽等多种蔬菜害虫。防治蚜虫、蓟马等，在发生初期用5%乳油2 000 ～ 2 500倍液，或3%乳油800 ～ 1 200倍液，或3%微胶囊悬浮剂800 ~ 1 500倍液，均匀喷雾；防治小菜蛾，在低龄幼虫期用5%乳油1 000倍液喷雾；防治菜青虫、斜纹夜蛾、甜菜夜蛾、棉铃虫等鳞翅目幼虫，在低龄幼虫期用5%乳油1 500 ~ 2 000倍液喷雾，根据害虫发生情况，隔5 ~ 7天后再喷1次。

（2）注意事项。不宜与石硫合剂、波尔多液等碱性药剂混用；除虫菊素对害虫击倒力强，但常有复苏现象，特别是药剂浓度低时，故应防止浓度太低而降低药效；低温时效果好，高温时效果差，夏季应避免在强光直射时施用，阴天或傍晚施用效果更好；除虫菊素无内吸作用，因此喷药要周到细致，一定要接触虫体才有效，因而多用于防治表皮柔嫩的害虫；除虫菊素对鱼、蛙、蛇等动物有毒害麻痹作用，注意鱼池周围不能使用；使用除虫菊素要注意使用浓度、次数以及农药的轮用，以防害虫出现耐药性；应保存在阴凉、通风、干燥处；安全间隔期1天。

2.鱼藤酮

鱼藤酮为广谱性、植物源、中等毒性杀虫剂（图53）。主要剂型：5%、7.5%乳油，4%高渗乳油。浅黄至棕黄色液体。豆科苦楝藤属植物的叶、根、茎及果实有

图53　商品化的鱼藤酮

毒，其有毒成分鱼藤酮广泛地存在于植物的根皮部。

鱼藤酮在毒理学上是一种专属性很强的物质，早期的研究表明鱼藤酮的作用机制是抑制呼吸作用，通过抑制谷氨酸脱氢酶的活性以及NADH脱氢酶与辅酶Q之间的某一成分发生作用，使害虫细胞线粒体呼吸链中电子传递受到抑制，从而降低生物体内的能量载体ATP水平，最终使害虫得不到能量供应从而行动迟滞、麻痹而缓慢死亡。此外，还能破坏中肠和脂肪体细胞，造成昆虫局部变黑，影响中肠多功能氧化酶的活性，使药剂不易被分解能有效地到达靶标器官，从而使昆虫中毒死亡。

（1）在蔬菜生产上的应用。主要用于防治蚜虫、猿叶虫、黄守瓜、二十八星瓢虫、黄曲条跳甲、菜青虫、螨类、介壳虫、胡萝卜微管蚜、柳二尾蚜、棕榈蓟马、黄蓟马、黄胸蓟马、色蓟马、印度裸蓟马。①防治瓜类、茄果类及叶菜类蔬菜蚜虫、菜青虫、害螨、瓜实蝇、甘蓝夜蛾、斜纹夜蛾、蓟马、黄曲条跳甲、黄守瓜、二十八星瓢虫等害虫，对蚜虫有特效。应在发生为害初期，用2.5%鱼藤酮乳油400 ~ 500倍液或7.5%鱼藤酮乳油1 500倍液，均匀喷雾1次。再交替使用其他相同作用的杀虫剂，对该药药效的持久高效有利。②防治胡萝卜微管蚜、柳二尾蚜等，用2.5%鱼藤酮乳油600 ~ 800倍液喷雾。③防治食用菌跳虫（烟灰虫）、木耳伪步行虫，可用4%鱼藤酮粉剂稀释500 ~ 800倍液喷雾。

（2）注意事项。鱼藤酮遇光、空气、水和碱性物质会加速降解，失去药效，故不可与碱性物质混用；避免高温与光照下贮存，否则会失效；用药需现用现配，以免水溶液分解失效；应密闭存放在阴凉、干燥、通风处；在作物上残留时间短，对环境无污染，对天敌安全，但鱼类对鱼藤酮极为敏感，不宜在水生作物上使用，避免污染鱼塘、河流；一般作物安全间隔期为3天。

3.苦参碱

苦参碱属广谱性植物杀虫剂（图54）。主要剂型：0.2%、0.26%、0.3%、0.36%、0.38%、0.5%、2%苦参碱水剂，0.38%、1%苦参碱可溶性液剂，0.38%苦参碱乳油，0.38%、1.1%苦参碱粉剂。苦参碱是天然植物性农药，对人畜低毒，是广谱杀虫剂，具有触杀

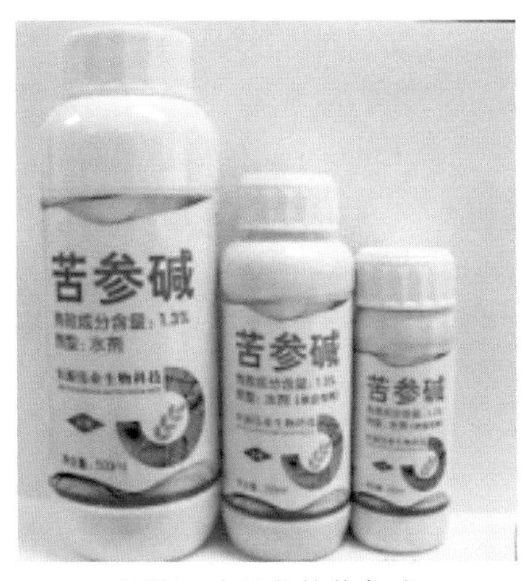

图54　商品化的苦参碱

和胃毒作用，速效性稍差。对各种作物上的黏虫、菜青虫、蚜虫、红蜘蛛、棉铃虫有明显的防效，也可防治地下害虫。

苦参碱是由中草药植物苦参的根、茎、果实经提取制成的一种生物碱，一般为苦参总碱，其主要成分有苦参碱、槐果碱、氧化槐果碱、槐定碱等多种生物碱，以苦参碱、氧化苦参碱含量最高。害虫接触药剂后即神经麻痹、蛋白质凝固、气孔堵塞、窒息而死。苦参碱24小时对害虫击倒率达95%以上。

（1）在蔬菜生产上的应用。苦参碱适用于许多种植物，对蚜虫、菜青虫、黏虫、其他鳞翅目害虫及红蜘蛛等均有较好的防治效果。主要用于喷雾，防治地下害虫时也可用于土壤处理或灌根。①喷雾。防治菜青虫，在成虫产卵高峰后7天左右，幼虫处于二至三龄时施药防治，每亩用0.3%苦参碱水剂62 ～ 150毫升，加水40 ～ 50千克，或1%苦参碱醇溶液60 ～ 110毫升，加水40 ～ 50千克均匀喷雾，或3.2%苦参碱乳油1 000 ～ 2 000倍液喷雾。对低龄幼虫防治效果好，四至五龄幼虫对其敏感性差。持效期7天左右。防治小菜蛾，用0.5%苦参碱水剂600倍液喷雾。防治茄果类、叶菜类蚜虫、白粉虱、夜蛾类害虫，前期预防用0.3%苦参碱水剂600 ～ 800倍液喷雾，害虫初发期用0.3%苦参碱水剂400 ～ 600倍液喷雾，5 ～ 7天喷洒1次，害虫发生盛期可适当增加药量，3 ～ 5天喷洒1次，连续2 ～ 3次，喷药时应叶背、叶面均匀喷雾，尤其是叶背。防治黄瓜霜霉病，每亩用0.3%苦参碱乳油120 ~ 160毫升，兑水60 ~ 70千克喷雾。②拌种。防治蛴螬、金针虫、韭蛆等地下害虫，每亩用1.1%苦参碱粉剂2 ~ 2.5千克撒施、条施或拌种。拌种处理时，种子先用水湿润，每1千克蔬菜种子用1.1%苦参碱粉剂40克拌匀，堆放2 ~ 4小时后播种。③灌根。防治韭蛆、根际线虫等根茎类蔬菜地下害虫，可用0.3%苦参碱水剂400倍液灌根或先开沟然后浇药覆土，或于韭蛆发生初盛期施药，每亩用1.1%苦参碱粉剂2 ~ 2.5千克，兑水300 ~ 400千克灌根。在迟眼蕈蚊成虫或葱地种蝇成虫发生末期，而田间未见被害株时，每亩用1.1%复方苦参碱粉剂4千克，适量兑水稀释后随浇地水均匀滴入。

（2）注意事项。严禁与强碱性或强酸性农药混用；本品速效性差，应做好虫情预测预报，在害虫低龄期施药防治，用药时间应比常规化学农药提前2 ~ 3天；使用时应全面、均匀地喷施植物全株，为保证药效尽量不要在阴天施药，降水前不宜施用，若喷药后不久降水则需再喷一次，最佳用药时间在上午10时前或下午4时后；建议用二次稀释法，使用前将液剂、水剂或乳油等剂型药剂用力摇匀再兑水稀释，稀释后勿保存，不能用热水稀释，所配药液应一次用完；不能作为作物专性杀菌剂；如作物用过化学农药，5天后才能施用此药，以防酸碱中和而影响药效；对皮肤有轻度刺激，施药后应立即用肥皂水冲洗皮肤；贮存在避光、阴凉、通风处；一般作物安全间隔期为2天，每季作物最多使用2次。

4.藜芦碱

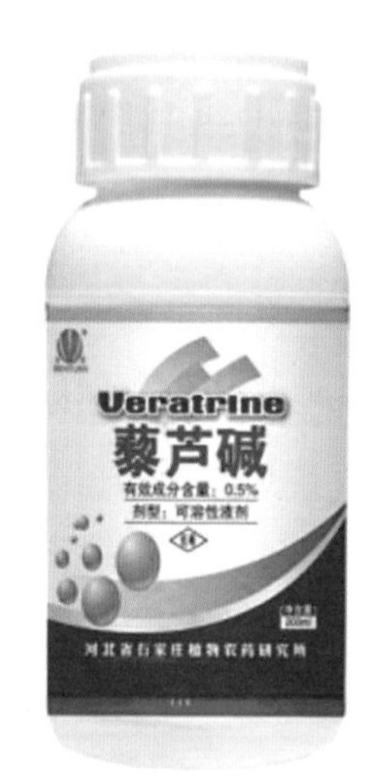

图55　商品化的藜芦碱

藜芦碱是从某些百合科植物中提取的植物源、低毒杀虫剂，是多种生物碱的混合剂（图55）。主要剂型：0.5%藜芦碱醇溶液，0.5%可溶性液剂，1.8%水剂和5%、20%粉剂。制剂为草绿色或棕色透明液体。对昆虫具触杀和胃毒作用。

（1）杀虫机理。药剂经虫体表皮或被吸食进入消化系统后造成局部刺激，引起反射性虫体兴奋，先抑制虫体感觉神经末梢，后抑制中枢神经而致害虫死亡。对人、畜毒性低，残留低，不污染环境，药效可持续10天以上，比鱼藤酮和除虫菊素的持效期长。

（2）在蔬菜生产上的应用。主要用于防治十字花科蔬菜蚜虫、菜青虫、小菜蛾、甜菜夜蛾、棉铃虫、烟青虫、小绿叶蝉等害虫。防治蚜虫，在不同蔬菜的蚜虫发生为害初期，用0.5%藜芦碱醇溶液400～600倍液喷雾1次，持效期可达2周以上；防治菜青虫，甘蓝莲座期或菜青虫低龄幼虫阶段为施药适期，可用500～800倍液均匀喷雾1次，持效期可达2周；防治棉铃虫，在棉铃虫卵孵化盛期施药，用

0.5%藜芦碱可溶性液剂800 ～ 1 000倍液喷雾；防治卷叶蛾，用0.5%藜芦碱醇溶液500 ～ 800倍液喷雾。

（3）注意事项。在害虫幼虫期施用，防治效果最好，如在棉铃虫一至三龄幼虫期使用其死亡率较高，而四龄以上时使用则防效较差，因此要在棉铃虫低龄阶段使用；不可与强酸、强碱性制剂混用；藜芦碱宜单独喷施，并在使用前充分摇匀，否则会降低药效；易光解，应贮存于阴凉干燥处。

四、温室有机蔬菜害虫物理防治

有机蔬菜生产成为农业生态发展中的大势所趋，适合温室有机蔬菜生产的害虫防治技术成为绿色安全的有机农业技术体系的重要组成部分。根据有机蔬菜生产要求全程禁止使用各类化学投入品，就需要从温室农业生态系统出发，综合多种非化学防治手段，如农业、物理、生物防治措施控制病虫害发生，充分发挥农业生态系统内的自然调节机制，才能保证温室有机蔬菜的品质和产量，实现有机生产生态防控目标。

（一）温室温差治虫技术

温室温差治虫技术是利用温室栽培便于控制和调节小气候的特点，在早春至晚秋栽培季节，以关、开棚的简单操作管理，提高或降低温湿度的生态调节手段，给有害生物营造短期的不适宜环境，达到延迟或抑制病虫害发生与扩展的技术。

1.种植前高温土壤消毒

土壤的热力消毒，就是利用烧土、烘土、土壤蒸汽、日晒等方法进行土壤灭菌灭虫。夏季高温季节，在大棚或温室中把床土平摊10厘米厚并关闭所有通风口，中午棚室内的温度可达60℃，维持7～10天可以消灭床土中的根结线虫和部分其他病虫。如果茬口允许，可进行一次或多次灌水，并在畦面上覆盖塑料薄膜，一周后再种植，这样土壤消毒的效果将更好。

2.种植中温差防治法

种植中温差防治法适用于作物生长期的病虫发生初始阶段，是指利用封闭通风口短时调节高温实现控制害虫暴发的方法。高温主要调节的温度范围为28～35℃，多数病虫害适宜发生温度为20～28℃，靶标害虫主要是微型害虫，如蚜虫类、烟粉虱类、蓟马类、螨虫类、潜叶蝇类等。此种防治法的应用，防病与防虫的操作有共同点，也有较大的区别。适用于防病的是高温、降湿控病；而适用于防虫的是高温、高湿控虫。所以应用温差防治法需要较高的管理技巧，并应区分防控的主体靶标。

（1）对病害的防控操作。早春或晚秋夜间棚内最低温度应不低于15℃（晚上低于15℃时可关棚调节，高于15℃时晚间不关棚或不关严棚），白天关棚保温能达到35℃以上时可少许开棚放风调节，以维持28℃以上的时间越长越好，当棚内温度低于25℃时，开棚降温、降湿，回避病害发生的适宜温区。如果晚上温度低于15℃，收工前再关棚保温防寒（接近15℃时不要将棚关严），每天如此操作，可明显延迟病害的发生期、减轻病害。

（2）对微型害虫的防控操作。首先实施前注意天气预报，确认实施当天无雨（最好选择在作物也需要浇水时），并在实施前1天，关棚试验，估测最佳关棚时间、最高温度可否提升至最高温限及达到最高温限的时段，能达到最高温限的时间越长，控害效果越好。通常在早上8:00以后阳光较好时开始在棚内喷水，使棚内作物叶片、土表湿润为宜，喷水前需再次确认天气预报的正确性，阴雨天不利于提升温度故不宜关棚，应全天开棚通风换气、降湿度，否则会出现害虫未控好反而引发病害的现象。喷水后关棚提温制造不利于微型害虫发生的闷热高湿环境，使抗逆性弱的害虫个体死亡，也有些微型害虫热晕以后掉落在叶面的水滴里淹死或掉落在潮湿的泥土表面不能再起飞而被黏死，如果害虫发生严重，还可配用杀虫烟雾剂，能获得良好的控害效果。当棚内温度下降到25℃以下时，开棚降温降湿，间隔5 ～ 7天实施1次，视病虫发生情况，连续进行3 ～ 5次。

（3）注意事项。掌握好茄果类、瓜类的最高温限，黄瓜的最高温限在32 ～ 35℃，番茄的最高温限在35 ～ 38℃，辣椒的最高温限在38 ～ 40℃，茄子的最高温限在40 ～ 45℃。为提高温差防控效果，降低设定的最高温限对作物的影响，需要适当补施叶面肥，实施时一定要用温度计监测棚内温度，不能凭经验及在棚外的感觉管理开关棚，否则容易发生误判烧苗。在实施闷棚控害的关键时期，尤其是中午要有人值守观察温度变化，防止天气突变特别是多云天气突然放晴，无人在现场及时管理引发烧苗。

（二）灯光诱杀技术

灯光诱杀技术是利用害虫对光的趋性，在温室大棚周边悬挂黑光灯、频振式杀虫灯等诱杀鳞翅目、鞘翅目害虫，达到降低田间落卵量、压低虫口基数的效果的害虫防治技术。灯光诱杀技术可减少农药使用量，减轻对环境的污染和对天敌的杀伤，不会引起人畜中毒，而且省工、省力、方便，经济效益、生态效益和社会效益均十分显著。

1.频振式杀虫灯诱控害虫

（1）技术原理。杀虫灯是利用昆虫对不同波长、波段光的趋性进行诱杀，可有效压低虫口基数，控制害虫种群数量（图56）。可诱杀蔬菜、玉米等作物上13目67科的150多种害虫。杀虫谱广，诱虫量大，诱杀成虫效果显著，害虫不产生抗性，对人、畜安全，而且安装简单，使用方便。但在诱杀害虫同时会造成天敌昆虫数量下降，不利于维持田间生态平衡。

图56　杀虫灯

常用的杀虫灯因电源的不同，可分为交流电供电式杀虫灯和太阳能供电式杀虫灯等。

（2）确定温室内外布局。有两种方法：一种是棋盘状分布，另一种是闭环状分布。一般在实际安装过程中，棋盘状分布较为普遍；闭环状分布主要针对温室外周区域，以防止虫害外延，或因试验需要特殊布局。建议根据实际情况选择分布方法。

另外，外界光源对频振式杀虫灯诱虫效果有抑制作用，因此，使用频振式杀虫灯最好远离强光源，或适当加大布灯密度。

（3）架线。根据所购杀虫灯的类型，选择好电源和电源线，然后顺杆架设电线（线杆位置最好与灯的布局位置相符）。没有线杆的地方，可用2.5米以上长的木杆或水泥杆按杀虫灯的布局图分配好，挖坑埋紧然后架线，不要随地拉线，防止发生伤亡事故。

（4）电源要求。每盏灯的电压波动范围要求在±5%之内，电压过高或过低灯管均不能正常工作，甚至毁坏灯。如果使用的电压为220伏，离变压器较远，且每条线路的灯数量又较多时，为防止电压波动，最好使用三相四线，把线路中的灯平均接到各条相线上，保证每盏灯都能在正常电压下启动工作。另外，按村、组需求安装总路及分支路闸刀及电表，方便挂灯和灯具的维护管理以及电费收缴。

（5）挂灯。在架灯处竖两根木桩和一根横担，或在木杆（或水泥杆）上牵出一横担，用铁丝把灯上端的吊环固定在横担上。也可用固定的三脚架挂灯，更加牢固。为防止刮风时灯具来回摆动造成损坏，应用铁丝将灯具拴牢拉紧于两桩上或三角支架上，然后接线。接线口要用绝缘胶布严密包扎，避免漏电。在用铜、铝线对接时要特别注意，防止线杆受潮氧化而导致接触不良。

（6）安装距离及高度。在温室较多的地方，每灯距离掌握在100米左右，据观察温室对灯有一定的影响，如塑料薄膜老化黏附灰尘会影响光波的辐射。一般田间少棚架、高秆作物的情况下，两灯距离掌握在120米左右，若遇山坡阻挡灯源辐射，适当缩小两灯距离。

安装高度一般掌握在100 ～ 150厘米（接虫口对地距离），实际安装高度结合当地情况、种植作物、诱捕的主要害虫决定。交流电供电式杀虫灯接虫口距地面80 ～ 120厘米（叶菜类）或120 ～ 160厘米（棚架蔬菜）。太阳能灯接虫口距地面100 ～ 150厘米。

（7）合理安排使用时间。一般从5月中旬开始安装、亮灯、捕虫，使用结束时间为10月上旬或10月中旬；每天亮灯时间结合成虫特性、季节的变化，5 ～ 6月18：30 ～ 19：30开灯，7 ～ 8月7：00 ～ 7：30开灯，9 ～ 10月6：30 ～ 7：00开灯，0:00 ～ 1:00关灯较为适宜。

（8）收灯与存放。杀虫灯如冬天不用时最好撤回进行保养，收灯后将灯具擦干净放入包装箱内，置于阴凉干燥的仓库中。太阳能杀虫灯在收回后要对固定螺栓进行上油预防生锈，蓄电瓶要每月充两次电以保证其使用寿命。

（9）注意事项。接通电源后请勿触摸高压电网，灯下禁止堆放柴草等易燃品；要使用接虫袋，要保证袋口光滑以防害虫逃逸，使用电压应为210 ～ 230伏，雷雨天气尽量不要开灯以防电压过高，每天要对集虫袋和高压电网的污垢进行清理，清理前一定要切断电源，顺网进行清理。太阳能杀虫灯在安装时要将太阳能板调向正南，确保太阳能电池板能正常接收阳光。蓄电池要经常检查，电量不足时要及时充电。使用频振式杀虫灯不能完全代替农药，应根据实际情况与其他防治方法相结合。

2. LED新光源杀虫灯诱控害虫

（1）技术原理。LED（发光二极管）新光源杀虫灯诱控害虫是利用昆虫的趋光特性设置昆虫敏感的特定光谱范围的诱虫光源，诱导害虫产生趋光、趋波兴奋效应而扑向光源，光源外配置高压电网杀死害虫，使害虫落入专用的接虫袋，达到杀灭害虫的目的。可诱杀以鳞翅目和鞘翅目害虫为主的多种类型的害虫成虫，如棉铃虫、小菜蛾、夜蛾类害虫、食心虫、地老虎、金龟子、蝼蛄等。白天太阳光照射到太阳能电池板上，将光能转换成电能并贮存于蓄电池内，夜晚自动控制系统根据光照亮度自动亮灯、开启高压电网进行诱杀害虫工作。

（2）悬挂高度。灯柱高度（杀虫灯悬挂高度）因作物高度不同而异，一般悬挂高度以灯的底端离地1.2 ～ 1.5米（即接虫口对地距离）为宜，如果作物植株较高，挂灯一般略高于作物20 ～ 30厘米。

（3）田间布局。有两种方法：一是棋盘状分布，适合于比较开阔的地方使用；二是闭环状分布，主要针对某块受害较重的区域用以防止害虫外迁。如果安灯区地形不平整，有物体遮挡，则可根据实际情况采用其他布局方法，如在地形较狭长的地方采用小“之”字形布局。棋盘状和闭环状分布中，各灯之间和两条相邻线路之间间隔以单灯控制面积计算，如单灯控制面积30亩，灯的辐射半径为80米，则各灯之间和两条相邻线路之间间隔160 ～ 200米。

（4）开灯时间。以害虫的成虫发生高峰期时19:00至次日3:00为宜。

（5）注意事项。安装时要将太阳能板面向正南，确保太阳能板能正常接收光照；蓄电池要经常检查，电量不足时要及时充电；使用LED杀虫灯不能完全代替农药，应根据实际情况与其他防治方法相结合；及时用毛刷清理高压电网上的死虫、污垢等，保持电网干净。

（三）色板、色膜驱避或诱杀技术

1.色板诱控害虫

（1）技术原理。利用昆虫的趋色（光）性制作的各类有色粘板为增强对靶标害虫的诱捕力，将害虫性诱剂、植物源诱捕剂或者性信息素和植物源信息素混配的诱捕剂组合，诱集、指引天敌于高密度的害虫种群中寄生、捕食，达到控制害虫、减免虫害造成作物产量和质量的损失的目的。

（2）适应范围。多数昆虫具有明显的趋黄绿的习性，特殊类群的昆虫对于蓝紫色有显著趋性。一些习性相似的昆虫，对有些色彩有相似的趋性。蚜虫类、粉虱类趋向黄色、绿色；叶蝉类趋向绿色、黄色；有些寄生蝇、种蝇等偏嗜蓝色；有些蓟马类偏嗜蓝紫色，但有些种类蓟马偏嗜黄色；夜蛾类、尺蠖蛾类对于色彩比较淡的土黄色、褐色有显著趋性。色板诱捕的多是日出性昆虫，墨绿色、紫色等颜色过于暗淡，引诱力较弱。色板与昆虫信息素的组合可叠加二者的诱效，通常诱捕害虫、诱集和指引天敌的效果优于色板或者昆虫信息素（图57）。

（3）应用技术。色板上均匀涂布无色无味的昆虫胶，胶上覆盖防黏纸，田间使用时，揭去防黏纸，回收。诱捕剂载有诱芯，诱芯可嵌在色板上，或者挂于色板上。①诱捕蚜虫。使用黄色粘板。秋季9月中、下旬至11月中旬，将蚜虫性诱剂与粘板组合诱

图57　温室内应用黄板诱杀害虫

捕性蚜，压低蚜虫越冬基数；春夏期间，在成蚜始盛期、迁飞前后使用色板诱捕迁飞的有翅蚜，色板上附加植物源诱捕剂效果更好。在蔬菜地里，色板高过作物15～20厘米，每亩放15～20个。②诱捕粉虱。使用黄色粘板。春季越冬代羽化始盛期至盛期使用色板诱捕飞翔的粉虱成虫，或者在粉虱严重发生时成虫产卵前期诱捕孕卵成虫。蔬菜大棚内，每隔20～30天需更换1次色板，色板上附加植物源诱捕剂效果更好。在蔬菜地里，色板高过作物15～20厘米，每亩放15～20个。③诱捕蓟马。使用蓝色粘板或黄色粘板。在蓟马成虫盛发期诱捕成虫，使用方法同蚜虫。④诱捕蝇类害虫。使用蓝色粘板或绿色粘板。诱捕雌、雄成虫。菜地里色板高过作物15～20厘米，每亩放置10～15个。

2.银灰膜驱避害虫

（1）技术原理。利用蚜虫、烟粉虱对银灰色较强的忌避性，可在田间挂银灰色塑料条或用银灰地膜覆盖蔬菜来驱避害虫，以预防病毒病。

（2）适应范围。夏、秋季温室蔬菜。

（3）应用技术。蔬菜田间铺设银灰色地膜避虫（图58），每亩铺银灰色地膜5千克，或将银灰色地膜裁成宽10～15厘米的膜条悬挂于大棚内作物上部，高出植株顶部20厘米以上，膜条间距15～30厘米，纵横拉成网眼状，使害虫降落不到植株上。温室大棚的通风口也可将银灰色地膜条悬挂成网状。防治白菜蚜虫，可在白菜播后立即搭0.5米高的拱棚，每隔15～30厘米纵横各拉一条银灰色塑料薄膜，覆盖18天左右，当幼苗6～7片真叶时撤棚定植。

图58　应用银灰色地膜驱避翅蚜

（四）防虫网阻隔技术

防虫网是人工构建的隔离屏障，将害虫拒之于网外，也可阻止温室内释放的天敌昆虫外逃，从而达到防虫、防止病毒病传播、提高生物防治效果的目的。防虫网覆盖栽培是绿色蔬菜生产的重要措施之一，对不用或少用化学农药、减少农药污染以及生产出绿色蔬菜具有重要意义。

1.技术原理

在保护地蔬菜上覆盖防虫网，基本上可免除甜菜夜蛾、斜纹夜蛾、菜青虫、小菜蛾、甘蓝夜蛾、银纹夜蛾、黄曲条跳甲、猿叶虫、蚜虫、烟粉虱、豆野螟、瓜绢螟等20多种主要害虫为害，还可阻隔传毒的蚜虫、烟粉虱、蓟马、美洲斑潜蝇传播数十种病毒病，达到防虫兼控病毒病的良好效果。

2.适用范围

根据期望阻隔的目标害虫的最小体形，选择合适目数的防虫网（图59）。一般生产上常选用的是20 ~ 35目的白色或有银灰条的防虫网。防虫网在栽培上还兼有透光、适度遮光、抵御暴风雨冲刷和冰雹侵袭等自然灾害的特点，可创造适宜作物生长的有利条件。

图59　通风口处应用60目的防虫网

3.技术应用

在害虫发生前覆盖防虫网后再栽培蔬菜才可减少农药的使用次数和使用量。为防止覆盖后防虫网内残存虫口发生意外为害，覆盖之前必须杀灭残存虫口，进行田园清洁、清除前茬作物的残留枝叶和杂草等田间中间寄主，对残留在土壤中的虫、卵进行必要的药剂处理。

4.覆盖方法

（1）浮面覆盖。浮面覆盖又称直接覆盖、漂浮覆盖或畦面覆盖。即在夏秋菜播种或定植后，把防虫网直接覆盖在畦面或作物上，待齐苗或定植苗移栽成活后即揭除。如果防虫网内增覆地膜同时在防虫网上面还增覆两层遮阳网，其防虫和抵御突发性自然灾害的效果更佳。

（2）水平棚覆盖。水平棚覆盖的棚架高度一般为80 ～ 100厘米，多架竹搭建，操作方便，高低可以调节。也可用水泥立柱作为架材搭成水平棚架，棚高2米。防虫网覆盖棚架，四周应全部用防虫网覆盖压严。

（3）小拱棚覆盖。小拱棚覆盖是目前应用较多的防虫网覆盖方式，但其不足之处在于高温季节使用时网内温度较高，可通过增加淋水次数达到降温的目的。由于小拱棚下的空间较小，实际操作不方便，一些地方仅利用这种覆盖形式进行夏季育苗和小白菜的栽培。小拱棚覆盖投资少、管理简单，特别适合没有钢管大棚的地区推广使用，同样可起到防虫的作用。小拱棚的宽度、高度因作物种类、畦的大小而异，通常棚宽不超过2米，棚高为40 ～ 60厘米，可选择宽幅为1.2 ～ 1.5米的防虫网，直接覆盖在拱架上，一边可以用泥土、砖块固定，另一边可自动揭盖，以利于生产操作，也可采用全封闭的覆盖方式。

（4）棚架覆盖。棚架覆盖是利用夏季空闲大棚架覆盖栽培的形式，棚架覆盖可分为大棚覆盖和网膜覆盖等，可根据气候、网和膜原料灵活选择覆盖形式。

大棚覆盖：大棚覆盖是用防虫网全程全封闭覆盖栽培的方式，是目前防虫应用的主要方式，主要用于夏秋甘蓝、花菜等蔬菜生产，其次可于夏秋蔬菜的育苗如秋番茄、秋黄瓜、秋莴苣等。通常由跨度10~12米，高2.5米的镀锌钢管构成，将防虫网直接覆盖在大棚上，棚腰四周用卡条固定，再用压膜线按Z形扣紧，只留大棚正门口可以揭盖，实行防虫网全封闭覆盖。但在高温时段，害虫成虫迁飞活动能力也下降，可揭除两侧，有利通风降温，不会因为揭盖管理影响防虫效果。

网膜覆盖：网膜覆盖是大棚顶部用塑料薄膜、四周裙边用防虫网的覆盖栽培方式。网膜覆盖提高了农膜利用率、节省成本，能降低棚内湿度，避免了雨水对土壤的冲刷，起到保护土壤结构、降低土壤湿度、避雨防虫的作用，在连续阴雨或暴雨天气，可降低棚内湿度，减轻软腐病的发生，适合梅雨或多雨季节应用，也可在秋季瓜类（特别是甜瓜、西瓜、西洋南瓜、西葫芦等）蔬菜栽培中应用，但在晴热天气易引起棚内高温。网膜覆盖可利用前茬夏菜栽培的旧膜进行。

5.注意事项

害虫无孔不入，只要在农事操作中稍有不慎，就会给害虫创造入侵的机会，要经常检查防虫网阻隔效果，及时修补破损孔洞。发现少量虫口时可以放弃防治，但在害虫的发生基数小时，要及时用药控害，防止错过防治适期。

五、温室有机蔬菜生态环境调控

采取调控害虫而不是消灭害虫的“容忍哲学”，有机农业允许使用的药物只有在应急条件下才可以使用，而不是作为常规的预防措施。有机生产提倡健康的土地、健康的作物，保护生态环境，保护天敌的自然控制作用，建立害虫、天敌的生态平衡。这就要求有机蔬菜生产必须从作物病、虫、草等生态系统出发，创造一个不利于病、虫、草滋生和有利于各类自然天敌繁衍的生态环境。

有机农业病虫害防治技术为生态型防治技术，创建了农业生态系统的平衡和生物多样化，减少了各类病、虫、草所造成的损失，逐步提高了土地再利用能力。这既可以保护环境，减少各种人为的环境及食品污染，又可降低生产成本，从而提高经济效益。

（一）温室生态调控模式概述

以天敌释放为主的生物防治日益成为温室蔬菜生产植物保护技术体系中的核心，然而缺乏生态景观管理的天敌昆虫在应用中存在着极大的生态潜在风险，并且会在较长的一段时间内对抑制害虫产生消极作用。

为了抑制害虫暴发，有机农业要求提高农业生态系统内物种多样性，因为一般情况下物种越丰富，系统就越稳定，自然调控能力也就越强。害虫的生态、生物控制措施已成为目前有机蔬菜生产害虫防控首选技术和发展方向。利用生态调控措施，包括建立以功能植物为主的非作物生境以及作物实行间套作、轮作和其他特定的种植格局，并结合适当的植物选择与配置，为天敌提供食物来源和栖息地，干扰害虫对寄主植物的寻找与定位，以延缓或规避害虫发生，减轻害虫危害。促进物种多样性的方法主要有：多样性种植；作物轮作；有目的地建立群落生态环境，为天敌提供栖息地。

1.我国传统温室生态调控模式

轮作和间套作是我国传统农业中最实用、最有效的控制害虫方法，也是有机农业病虫害调控的根本措施。依据害虫生态调控的机理，在田间可以通过建立以功能植物为主的非作物生境，并对作物实行间套作、轮作和其他特定的种植格局，结合适当的植物选择与配置，为天敌提供食物来源和栖息地，干扰害虫对寄主植物的寻找与定位，以促进害虫的生物防治。

间套作是在同一块土地上按照一定行、株距和占地宽窄比例种植多种作物，其中作物同时期播种称为间作，不同时期播种称为套种。

（1）间套作的作用机制。间套作可以建立有利于天敌繁殖，不利于害虫发生的环境条件，其主要作用机制如下。

干扰寻求寄主行为：①隐瞒。依靠其他寄主植物的存在，主栽植物可以受到保护而避免害虫的危害，如依靠保留的稻茬，黄豆苗期可以避免豆蝇的危害。②作物背景。一些害虫喜欢某些作物的特殊颜色或结构背景，如蚜虫、跳甲，更易寻求裸露土壤背景上的甘蓝类作物，而对有杂草背景的甘蓝类作物反应迟钝。③隐蔽或淡化引诱刺激物。非寄主植物的存在能隐藏或淡化寄主植物的引诱刺激物，使害虫寻找食物或繁殖过程遭到阻碍。④驱虫化学刺激物。一定植物的气味能破坏害虫寻找寄主的行为(如在豆科作物地中，田边杂草驱逐叶甲，甘蓝与番茄、莴苣与番茄间作可驱逐小菜蛾)。

干扰种群发育和生存：①机械隔离。通过种植非寄主组分，进行作物抗性和感性栽培种的混合，可以限制害虫扩散。②缺乏抑制刺激物。农田中，不同寄主和非寄主的存在可以影响害虫定殖，如果害虫袭击非寄主植物，则要比袭击寄主植物更易离开农田。③影响小气候。间作系统将适宜的小气候条件分离，害虫即使在适宜的小气候生境中也难以停留和定殖。浓密冠层的遮阳作用，一定程度上可以影响害虫觅食或营造有利于害虫寄生真菌生长的相对湿度。④生物群落的影响。间套作有利于促进多样化天敌的存在。

（2）间套作作物配置原则（表9）。为提升害虫控制的效果、保证作物的产量，在设计间套作模式、配置作物时，需要注意遵循以下原则：①因地制宜，根据当地的气候、土壤、肥水等环境条件选择适宜的作物；②互补配置，按照株型高矮、枝型胖瘦、叶形尖圆、根系深浅、喜光耐阴、喜湿耐旱、生育期早晚、密度大小、行幅宽窄进行搭配，减少作物之间的竞争并将资源利用效率最大化；③趋利避害，选择互利相生、少相克的作物或品种，有助于根系对养分的吸收与利用及虫害的减轻和作物的茁壮生长。④避免同科作物一同种植，以免加重虫害的传播，可适当选择抗虫品种。

表9　我国主要生态调控防治害虫的作物间套作模式

作物	间作植物	控制害虫	地区
青菜	芋	斜纹夜蛾	上海
黄瓜、番茄	芹菜、蓖麻	烟粉虱、温室白粉虱	扬州、山东、天津
花椰菜	番茄	菜蚜、黄曲跳甲	福州
辣椒	甘蔗	南美斑潜蝇	云南弥勒市

2.利用功能植物进行生态调控新模式

功能植物是指在农田生态条件不利于天敌时，可为天敌昆虫提供食物、越冬和繁殖场所、供天敌昆虫逃避化学农药和农事操作干扰的庇护所植物体系，或适宜天敌昆虫生长发育和繁殖的微环境植物体系。依据维持和增强天敌的不同功能可分为蜜源植物、储蓄植物、栖境植物、诱集植物等。常见功能植物种类包括蜜源植物、栖境植物、诱集植物、指示植物和载体植物等。

基于物种多样性和稳定性等生态理论，利用辅助性助迁功能植被可对生境进行调控并对天敌能够稳定增殖起到增效作用，生态调控的综合治理开始受到较多关注。近年来，国际上大力发展天敌昆虫功能植被的增效技术，降低天敌投入成本，减少生态衍生效应。大量实例证明，通过适宜增加植被多样性、周边生境多样性，可为天敌提供食物、补充寄主和补充营养，也有助于改善天敌栖息环境、越冬场所、休息地或产卵场所，为天敌提供逃避农药施用、耕作干扰等恶劣条件的庇护场所，利于天敌的生存和繁衍，还可提高天敌昆虫群落多样性的抗逆性和补偿能力，增强天敌昆虫对害虫的生态控制能力。

生态调控模式强调有害生物防治措施由直接面对害虫转向通过功能植物面对害虫，达到目标植物与其有害生物和有益生物的动态平衡；强调有害生物防治策略要充分利用自然生态平衡中生物间的依存关系，达到自然控制的目的。

然而，不同植物的性状存在差异，一些植物会令天敌受益，也有一些植物可能会促进害虫繁殖，并且功能植物多营养级之间相互作用的复杂性决定了功能植物的关键组分需要认真筛选并考虑植物区域适应性等，需要对植物种类进行比较研究和谨慎选择。只有功能作用明确的功能植物，才能实现非作物生境的害虫防治效果最大化，并真正为害虫生态调控提供新途径。

通过建设农业生态景观结构，增加植被多样性，从而提高农业生态景观自身的病虫害防治能力，是近年来新兴的生物防治应用辅助策略之一。但针对景观植被结构及规模管理对天敌昆虫适生性及群落动态影响的研究还十分有限。随着农业生产向自动化、精细化和量化调控等方面的飞跃式发展，如何尽量减少植物保护投入品（包括天敌昆虫），而通过主动调节生态系统所依托的自然和农业景观来实现以生物防治为核心的现代绿色循环型植物保护体系，才是我们今后为之投入与发展的目标。如何设计农业生态群落的结构，加入功能性植被景观，并且顺应害虫与天敌互作的基本规律，发挥保护天敌昆虫与抑制单一害虫暴发成灾的作用，将会是未来保护型生物防治研究中的核心问题。

（二）国内外生态调控应用现状

欧美国家已经建立以天敌昆虫为核心的生物防治综合生态功能体系。众多生态因子，如辅助植物多样性管理、土壤腐殖质的调控、温室及保护地的量化防治策略等均作为生物防治的增强因素被加以整合。现对国内外有机农场的生态调控应用现状做如下介绍。

1.国外有机农场介绍

（1）美国UCSC（加利福尼亚大学圣克鲁斯分校）有机农业试验农场。知名有机农业生态机构——美国UCSC农业生态与持续食品研究中心附属有机农业试验农场的生态调控的做法有以下两种。①种植覆盖作物。在菜园四周及作物垄行边角上种植很多一年生和多年生的草本类植物，如地榆、酢浆草、香柠檬、菊蒿、当归、中亚苦蒿等。它们为益虫提供了食源和隐蔽处所，同时收获后又可加工成调味品、饮料和药物制剂。例如选择豆科植物或黑麦草与豆科作物等覆盖物的混合种植，能有效地抑制杂草生长以及有利于下季作物生长。此外，覆盖作物能很好地减少土壤侵蚀，以及减少石油能源合成的氮肥的依赖。②多年覆盖作物轮作。轮作能控制病虫害，使之不在同一块地里连续生存。根据不同作物的不同营养需求和不同的生长形式制订了10年轮作计划(表10)。

表10　UCSC试验农场的10年轮作计划

时间(年)	食用作物	覆盖作物
1		二年生黑麦草与三叶草混播
2		二年生黑麦草与三叶草混播
3	十字花科如花椰菜、大白菜	荞麦(夏天)
4	茄科如马铃薯、番茄、辣椒	豆科(冬天)

（续）

时间(年)	食用作物	覆盖作物
5	甜玉米、矮菜豆等	豆科(冬天)
6	葫芦科如南瓜、黄瓜	豆科(冬天)
7～10	重复3～6年的种植安排，以后再进行新一轮循环	

从以上轮作计划可知，食用作物的种植顺序是从浅根、需肥量大的作物至深根作物，这样可以充分利用不同土层的养分和水分，并以豆科植物作为覆盖作物，提供氮源，抑制杂草生长，减少土壤侵蚀。

（2）德国Maxdorf（马克斯多夫）有机农场和Dotten felderhof（生物动力社区）有机农场。德国Maxdorf有机农场是以生产蔬菜为主的综合经营农场。农场面积为8公顷，拥有一个2 000米^{2}大棚。农场种植的蔬菜品种非常丰富，有30多种蔬菜，而同样规模的农场进行常规种植，则通常只有2～3个品种。

蔬菜栽培的培肥措施以种植绿肥为主，作物茬间种一季绿肥（2个月，占全年种植时间的1/4)，或先种植多年生绿肥1～2年，再种蔬菜3～5年，然后又种绿肥1～2年。因绿肥种植多，有机肥用量很少，只需购买少量牛角粉(每年4 000～5 000千克)与堆肥(每年5吨)，每年氮肥总施用量控制在70千克/公顷，蔬菜的产量是常规种植的70%，种植密度相对较低。露地种植的蔬菜病虫害发生很少，马铃薯象甲发生较严重，可用苏云金杆菌进行防治，效果很好。在大棚中，通过释放捕食螨等天敌控制害虫大量发生。

德国Dotten felderhof有机农场面积为150公顷，有20公顷为草地。耕地采用12个作物品种进行轮作：1/3土地种植大麦、小麦、黑麦、燕麦，1/3土地种植块根作物(甘薯、饲用萝卜)和蔬菜，1/3土地种植豆科作物如苜蓿草与三叶草。

2.北京诺亚有机农场经验介绍

北京诺亚有机农场坐落于北京市平谷区马昌营镇(图60)，拥有土地1 300亩，蔬菜种植面积500亩，30余品种，周年为2 000户家庭提供高端有机蔬菜的宅配服务。其定位为北京值得信赖的有机蔬菜直供服务商，按照国际有机生产标准采用现代化的农业管理体系，全程监控生产环节，无化学投入品，确保蔬菜有机品质，同时获得了中国与欧洲联盟的有机认证。

图60　诺亚有机农场（张晓鸣　摄）

北京市农林科学院植物保护环境保护研究所应用昆虫研究室立足北京都市圈农业布局及平谷区大力发展有机农业生产的产业优势，结合本研究团队在天敌昆虫种质资源开发与利用、大规模繁育技术、落地化生物防治增效管理技术体系等方面的科研优势，聚焦于北京市诺亚有机农场，自2012年开始全面推动相关植物保护技术联合攻关、应用中试与集中示范推广工作，尤其开展了针对温室有机蔬菜农场的整体保护型生物防治技术应用。

在生产前期增加储蓄植物，引入替代猎物（替代食物）及植物，为天敌提供食物使其提前在温室中定殖。如茄果类蔬菜温室配植玉米带（图61）、“小麦—玉米蚜—龟纹瓢虫”等储蓄植物系统。

图61　茄果类蔬菜温室配植玉米带

在生产后期主栽蔬菜上害虫种群数量较低时引入诱集植物或蜜源植物等，诱集天敌为其提供补充营养，减少天敌因食物短缺死亡而造成的损失。

同时应用天敌防控时，除应考虑更加合理的益害比以维持二者低密度下的平衡外，还需要研发天敌田间保育、诱集回收再利用等技术模式，探索增加天敌植物支持系统、调整天敌释放策略等技术措施，降低应用成本，提高控害效益。

针对茄果类温室蔬菜生产特点，提出下列生物防治新模式。

（1）番茄害虫（图62）。种植（培养）功能植物（玉米、苘麻、菜豆）—害虫（粉虱、蚜虫等）监测—早期释放天敌（丽蚜小蜂、浅黄恩蚜小蜂、异色瓢虫等）—昆虫及其天敌种群动态监测—补充释放天敌—控制害虫。

图62　释放丽蚜小蜂防治番茄粉虱

(2) 辣椒害虫（图63）。种植（培养）功能植物（玉米、苘麻、芸豆）—害虫（蓟马、蚜虫、叶螨、粉虱）监测—早期释放天敌（东亚小花蝽、龟纹瓢虫、捕食螨、丽蚜小蜂）—昆虫动态监测—控制害虫。

图63　释放异色瓢虫防治彩椒上蚜虫

(3) 茄子害虫。种植（培养）功能植物（玉米、苘麻、小麦）—害虫（蚜虫、粉虱、叶螨）监测—早期释放天敌（异色瓢虫、丽蚜小蜂、捕食螨）—昆虫动态监测—控制害虫。

借助化学生态技术（嗅觉仪与GC-EAD）平台，从50多种植物中初步筛选了10种可诱集天敌昆虫及趋避植食性害虫的功能植物，如薄荷、罗勒、芝麻、波斯菊等。整合多种天敌生态调控增效技术，在棚间建立以波斯菊、荷兰菊等为主的功能植物带（图64），实现全区域内的功能景观改造提升，提高了园区内生物多样性水平与天敌昆虫保有量，降低单一害虫暴发的概率。多角度降低了生物防治与其他防治措施的应用成本。

图64　温室间种植蜜源植物花带增加天敌多样性

缺乏植被景观管理的天敌昆虫应用存在着极大的生态潜在风险，并且会在较长的一段时间内对害虫的抑制产生消极作用，建设农业生态景观结构、增加植被多样性从而提高农业生态景观自身的病虫害防治能力是近年来新兴的生物防治应用辅助策略之一，但目前针对景观植被结构及规模管理对天敌昆虫适生性及群落动态影响的研究还十分有限。随着农业生产向自动化、精细化和量化调控等方向的飞跃式发展，如何尽量减少植物保护投入品（包括天敌昆虫）通过主动调节生态系统所依托的自然和农业景观来实现以生物防治为核心的现代绿色循环型植物保护体系，才是今后为之投入与发展的目标。

（三）杂草管理

有机蔬菜除草一般不能使用除草剂，主要是人工除草，此外可通过一些辅助措施减轻杂草的危害。

1.人工除草

人工除草主要是指人工中耕除草。中耕除草针对性强，不但可以除掉行间杂草，而且可以除掉株间杂草，干净彻底，技术简单，给蔬菜作物提供了良好的生长条件。但人工除草，无论是手工拔草，还是锄、犁、耙等应用于农业生产中的锄草措施，均费工费时、劳动强度大、除草效率低。在蔬菜作物生长的整个过程中，根据需要可进行多次中耕除草，除草时要抓住有利时机，除早、除小、除彻底，不得留下小草，以免引起后患。

2.种植绿肥作物

休闲地可种植绿肥作物防治杂草。通常夏季可种植田菁、太阳麻等，冬季则可种植油菜、三叶草、苕子、麦类等，在尚未成熟时掩青作为绿肥，不但可以节省肥料，而且能够防治杂草，消除连作障碍。

3.加强栽培管理控草

通过采用限制杂草生长发育的栽培技术（如轮作、休耕等）控制杂草。有机肥要充分腐熟，因为有些有机肥里含有杂草种子。利用前作对杂草的抑制作用，前后作配置时，要注意到前作对杂草的抑制作用，为后作创造有利的生产条件，一般胡萝卜、芹菜等生长缓慢，抑制杂草的作用很小，葱蒜类、根菜类也易遭受杂草的危害，而南瓜、冬瓜等因生长期间侧蔓迅速布满地面，杂草易于被消灭，甘蓝、马铃薯、芜菁等抑制杂草的作用也较大。还可喷施浓度为4% ~ 10%的食用酿造醋，不但可以消除杂草，更有土壤消毒的效果，在杂草幼小时喷施效果较好。

4.覆盖抑草

（1）秸秆覆盖抑草。利用秸秆覆盖不但可以起到保墒、保温促根、培肥的作用，还具有抑草作用。将作物秸秆整株或铡成3 ~ 5厘米长的小段，均匀地铺在植物行间和株间。覆盖量要适中，覆盖量过少起不到保墒增产作用；覆盖量过大，可能产生压苗、烧苗现象，并且影响下茬播种。每亩覆盖量约400千克，以盖严为准。秸秆覆盖还要掌握好覆盖期，如生姜应在播后苗期覆盖，9月上、中旬气温下降时揭除；夏秋大蒜可全生育期覆盖；夏玉米以拔节期覆盖最好。覆盖前要先将秸秆翻晒，覆盖后要及时防虫除草，此外，也可用废旧报纸等覆盖畦面，可起到较好的抑草作用。

（2）地膜覆盖抑草。采用地膜覆盖，杂草长出顶膜则烫伤至死，要提高地膜覆盖质量，一般覆盖质量好，杂草生长也少，盖地膜时要拉紧、铺平，达到紧贴地面的程度，如盖膜质量不好不仅易通风漏气，保温、保水、保肥效果差，还会促进杂草生长，利用黑色地膜覆盖抑草效果最好。

5.火力除草

火力除草是利用火焰或火烧产生的高温使杂草因灼伤致死的一种除草方法。火焰枪烫伤法除草，此法只有当作物种子尚未萌发或长得足够大时才可应用，并在杂草低于3毫米时最有效。如种植胡萝卜，种子床应在播种前10天进行灌溉，促使杂草萌发，并在胡萝卜种子发芽前（播种后5 ～ 6天）用火焰枪烧死杂草。

6.电力和微波除草

电力和微波除草是通过瞬间高压或强电流及微波辐射等破坏杂草组织、细胞结构而杀灭杂草的方法。由于不同植物体（杂草或作物）中器官、组织、细胞分化和结构的差异，植物体对电流或微波辐射的敏感性和自组织能力的强弱不同。高压电流或微波辐射在一定的强度下，能极大地伤害某些植物，而对其他植物安全。

7.他感作用治草

自然界中，植物间也存在着相生相克的关系，他感作用治草是利用某些植物通过其强大的竞争作用或其产生的有毒分泌物来有效抑制或防治杂草的方法。如小麦可防治白茅，三叶草可防治金丝桃属杂草。利用他感植物之间合理间套作或轮作，趋利避害，直接利用作物分泌、淋溶他感物质抑制杂草。如在稗草、白芥严重的地块种小麦，在马齿苋、马唐等杂草严重的地块种植高粱、大麦、小麦等麦类作物，既能防治害草，又能提高作物产量。

8.生物除草剂

生物除草剂是指在人为控制条件下，选用能杀灭杂草的天敌，进行人工培养繁殖后获得的大剂量生物制剂。生物除草剂有两个显著的特点：一是经人工大批量生产而获得的生物接种体；二是淹没式应用，以达到迅速感染，并在较短时间里杀灭杂草。将活体微生物作为除草剂进行杂草治理的方法中主要利用植物病原物微生物，如细菌、真菌、病毒，最常见的是真菌。真菌除草剂通过使杂草感染病害而达到除草目的，目前国际上已经商品化或极具潜力的有19种，如防除柑橘园内的杂草莫伦藤（*Morreniaodorata*）的Devine液态制剂，它的有效成分是棕榈疫霉的厚坦孢子；Collego制剂可用来防治水稻及大豆田内杂草弗吉尼亚合萌，它的有效成分是盘长孢状刺盘孢合萌专化型；鲁宝一号是我国20世纪60年代初研制成功的真菌除草剂，对大豆菟丝子具有特殊防治效果。使用的剂型有乳剂、水剂、可湿性粉剂、颗粒剂和干粉剂等，其中水剂是最常用剂型。生物除草剂不能与生物杀菌剂和生物杀虫剂同等对待，由于其局限性较大，生物除草剂难与人工合成的化学除草剂进行竞争。但由于生物除草剂对环境安全，使用中具有在作物体内及土壤中无残留等优点，在有机农业中将会更受重视，应用前景也更为广阔。

六、温室有机蔬菜生产管理实例

温室有机农业本着尊重自然的原则，采取以农艺措施为主，辅之以适宜的生物、物理防治技术，并利用一些植物源农药和有机食品生产中允许使用的矿物源农药，以控制病虫的危害。本章将从每种温室有机蔬菜种植过程出发，全面提供害虫防治管理技术方案。

（一）温室有机番茄生产管理技术

1.番茄概述

番茄，又名西红柿、洋柿子，原产于中美洲和南美洲，明代传入中国。很长时间内被作为观赏性植物，直到清代末年人们才开始食用番茄。现作为食用蔬果在全世界范围内被广泛种植，夏秋季产出较多，是一种营养丰富的食品。

番茄茎属于半直立性匍匐茎，多数品种属于无限生长类型，侧枝滋生力强，枝叶繁茂。生产上通过不断整枝、打杈、摘心等一系列措施使植株营养生长与生殖生长协调发展。番茄的花为聚伞花序或总状花序，自花授粉，条件适宜时，成花成果率较高；条件不适时，可通过熊蜂授粉、化学调控等措施达到防止落花落果的目的。果实的大小、颜色和形状因品种不同而多种多样。

番茄从播种到采收结束，可分为4个不同的生长发育时期。发芽期：从种子发芽到第一片真叶露心（10 ～ 14天）。幼苗期：从第一片真叶露心到第一穗花序现大蕾（45 ～ 50天），夏季育苗仅需20 ～ 25天。开花期：从现蕾到第一果形成（15 ～ 30天）。结果期：从第一穗果坐住到采收结束。春提前和秋延后栽培结果期为80 ～ 100天，而越冬长季节栽培需6 ～ 8个月。

有机番茄的种植在整个生产过程中都必须按照有机农业的生产方式进行，也就是在整个生产过程中必须严格遵循有机食品的生产技术标准，即生产过程中完全不使用农药、化肥、生长调节剂等化学物质，不使用基因工程技术，同时还必须经过独立的有机食品认证机构全过程的质量控制和审查。所以有机番茄的生产必须按照有机食品的生产环境质量要求和生产技术规范进行，以保证无污染、富营养和高质量的特点（图65）。

图65　有机番茄种植

2.有机番茄的生产准备

（1）品种选择。有机番茄栽培常见的品种中自封顶型有早丰、早魁、宝大903、宝大908、苏抗10、西粉3号、秋丰、红宝石等20余种；非自封顶型如中杂9号、中蔬6号、佳粉17、毛粉802、双抗2号、强丰等10余种。各个有机食品基地应该结合当地实际来确定种植的品种。

目前，市场上番茄大多品种无论红果、粉果均完成了硬果型品种的改良换代，皮较厚、耐裂、耐运输且产量高的红果品种多以供给南方和出口为主。硬型粉果品种除具有原汁多、适口性好的特性外，大多也具备耐裂、耐运输等特性。按种植模式进行品种选择时，越冬茬一般用耐弱光、耐寒性好的中研冬悦、中研998、齐达利、金棚1号、粉倍赢、浙杂702等品种，越夏品种选用耐热抗裂的惠裕、正粉8号、迪芬尼、满田2185、东风号、东风4号等品种，春茬栽培一般选用较早熟的西贝、金盾、蔓其利、满田2185、浙粉702、荷兰8号、金棚系列等。

（2）育苗与大田准备。目前，育苗方式主要有简易穴盘和苗床营养土育苗、营养块育苗及现代集约化育苗等多种育苗形式。生产上应用较多且简便易行、成活率高的是穴盘无土基质育苗技术，此技术在蔬菜示范园区和蔬菜主产区被广泛应用，效果良好。①育苗温室与育苗床土准备。采用塑料大棚（中棚）套小拱棚温室育苗。育苗场地要求阳光充足、地势高燥、水源充足、排灌方便、无连作病害，土质要求疏松、肥沃、富含有机质。育苗用床土应提前准备，按土壤50% ～ 70%，河泥、塘泥、腐熟厩肥20% ～ 30%，草木灰5% ～ 10%，腐熟人粪尿5% ～ 10%的比例配制育苗用床土，另外掺入一定量的煅烧磷酸盐。在夏季高温季节，选择晴天将床土平摊于水泥地上，厚5 ～ 10厘米，利用日光消毒1周后备用。②浸种催芽。播种前，先将种子用50 ～ 55℃温水浸种15 ～ 20分钟消毒，并不断搅拌。然后立即将种子移入30℃温水中，继续浸种12 ～ 24小时，其中换清水一次。之后置于30℃下保温催芽，5 ～ 6天出芽。催芽过程中，翻动种子数次，并用25℃清水淘洗1 ～ 2次。③苗床播种。每10米^{2}苗床播种量为80 ～ 110克；种子温汤浸种消毒后其后续浸种时间为8 ～ 12小时，催芽温度为25 ～ 28℃；一片真叶时分苗效果最好；苗期对温度适应范围不一致。④定植。番茄适宜定植期为秧苗初现花蕾或已现花蕾且将开花时，但不宜带花，更不宜带果定植。

（3）苗期管理。①播种至齐苗。重点是保温、保湿。密闭苗床，大棚、小拱棚均不通风。棚内温度以25 ～ 30℃为宜。开始出苗后，揭开地膜，并撒细碎干床土，防止床面板结和开裂，降低温度。不论阴天、雨天还是晴天，小拱棚上的保温草帘都应早揭晚盖，以增加光照。这也是整个苗期管理过程中的一条原则。②齐苗到分苗前。此时期重点是降温通风，防止徒长、倒苗和冻害。昼温以22 ～ 25℃为宜，夜温以16～20℃为宜。气温低时，除夜晚在小拱棚上覆盖草帘外，还可采用双层薄膜覆盖。亦可在苗床上撒覆细碎干床土，每次0.5厘米厚，效果良好。要求及时除掉伤病苗、畸形苗，幼苗过弱时可用含氨基酸的叶面肥进行追肥。③分苗。可分苗1～2次，一般1次即可。分苗2次分别于1～2片真叶、3～4片真叶时进行，时间为2月中旬至3月上旬，或将第一次分苗提早到11～12月进行。分苗宜选择晴朗、无风天气，即冷尾暖头天气，在中午温度较高时进行。分苗前2～3天，宜将棚温降低3～5℃，进行低温锻炼，并于分苗前一天或当天上午浇水1次，便于取苗，少伤根系。第一次分苗行距15厘米，株距8厘米左右；第二次分苗行株距均为15厘米。用营养钵分苗，营养钵直径为8厘米左右。要求随起苗随分苗，分苗后立即盖塑料小拱棚和大棚，保持土壤、空气湿度。分苗2～3天内，均以保湿为重点，幼苗中心叶开始生长时，再揭膜通风降湿。

3.有机番茄的种植管理方法

（1）田间管理（图66）。①合理稀植。有机番茄栽培要保持田间通风、透光良好，行株距90厘米×40厘米，宽行1～1.2米，每亩栽1 800～2 600株，两行一畦，畦边略高，秧苗栽在畦边高处。②平衡施肥。按亩产投放生物肥料，每亩施用干秸秆4 000～5 000千克（含碳45%），或牛粪、鸡粪（含碳22%左右）各4 000～5 000千克，或干秸秆拌牛粪、鸡粪各

图66　温室有机番茄种植

3 000 ～ 4 000千克，满足碳素需求。微乐士生物菌液2千克或生物有机肥200千克，分解有机肥中碳素等营养。在缺钾的土壤中基施25千克含量为50%的矿物钾、无机钾与生物有机肥结合成的生物有机钾。③育苗。将碳素有机基质装入营养钵内，或用牛粪拌风化煤或草炭做成基质，浇入EM生物菌液，每亩苗床用2千克，在幼苗期叶面喷一次1 200倍液的植物诱导剂，既可保证根系无病发达，又可及早预防病毒病和真细菌病害，植株抗热、抗冻、抗虫。④控秧留穗。一般大型果每穗留4 ～ 5果，小型果留8 ～ 16果，在不考虑后茬定植的情况下，可留13 ～ 16穗果。用植物诱导剂800倍液或植物修复素每粒兑水14千克，叶面喷洒，使茎秆间距保持在10 ～ 14厘米。⑤疏花疏果。基施碳肥充足，一茬目标产量在2万千克左右，可留9 ～ 14穗果，大型果（250克左右）每穗留4 ~ 5果，小型果（150克以下）每穗留6 ~ 16果。亩栽2 000株以下，每株适当多留1 ~ 2穗，有效商品果多而丰满，并在结果期注重施矿物硫酸钾和EM生物菌促果。⑥中耕松土。用锄疏松表土，在破板5厘米土缝后，可保持土壤水分，称为锄头底下有水；促进表土中有益菌活动，分解有机质肥，称为锄头底下有肥；保持土壤水分，减少水蒸气带走温度，称为锄头底下有温；适当伤根，可促进作物次生代谢，提高植物免疫力和生长势，增产效果突出。⑦整枝留果。一般植株生长到1.7 ~ 1.8米，可长5 ~ 6穗果，而亩产要2万千克，需留果9 ~ 13穗。那么，在3 ~ 5穗果间留2 ~ 3个腋芽，每个腋芽长2 ~ 3穗果摘头，即可达到每株12 ~ 13穗果，又叫换头整枝。

（2）水分管理。定植时浇足定植水，每亩滴灌35米^{3}左右，7 ~ 10天后浇1次缓苗水。之后原则上不再浇水，直到第一穗果核桃大小时再开始浇水。此期如果水分过多，易引起植株徒长，从而影响以后开花结果。主要栽培措施是中耕，以促使根系向土壤深层发展。特殊情况时，若土壤、植株表现干旱，尤其是采取滴灌措施时，前期水分不是很大，这时需要少浇水。另外，因品种特性各异，有些品种不需要控苗，可根据需要补水。进入结果期，由于温度的原因，不同种植模式水分管理有所区别，冬春茬栽培的番茄，室内外温度适宜，10 ~ 12天浇1次水，保证果实发育所需即可，进入盛果期，需水量逐渐加大，5 ~ 7天浇1水。而越冬栽培，进入结果期后，室内外温度逐渐降低，且外界光照弱、时间短，植株生长和果实发育均较缓慢，此时必须适当控制浇水。无论是哪种模式的种植，番茄水分管理总原则是苗期要控制浇水，防止秧苗徒长，以达到田间最大持水量的60%左右为宜。结果期水量加大，以达到田间最大持水量的80%为宜，且要保持相对稳定。温室内土壤水分过大时，除妨碍根系的正常呼吸外，还会增加室内空气湿度，加大病害发生概率。忽干忽湿易导致裂果和脐腐病发生。

（3）温度管理。定植到缓苗期间，温度可控制的高一些，以利于迅速缓苗。白天可达32 ~ 35℃。随着植株生长，进入开花结果期，白天室温可控制在20 ~ 32℃，20℃以下不通风；前半夜温度控制在17 ~ 18℃，覆盖草苫后20分钟测试温度，低于此温度早放草苫，高于此温度迟放草苫；后半夜温度控制在9 ~ 11℃，过高通风降温，过低保护温度；昼夜温差18 ~ 20℃，利于积累营养，产量高，果实丰满。

（4）保果防裂。高温期（高于35℃）或低温期（低于5℃）钙素移动性很差，易出现大脐果，如果在此时用2,4-滴蘸花，极易出现露籽破皮裂果。

预防办法：叶面喷EM生物菌300倍液加植物修复素（每粒兑水15千克）修复果面或食母生片每15千克水放30粒，平衡植体营养，供给钙素；或过磷酸钙（含钙40%）泡米醋300倍浸出液，叶面喷洒补钙。

（5）徒长秧处理。叶面喷100倍液的植物诱导剂控制秧蔓生长，即取50克原粉用500克开水冲开，放24 ～ 56小时，兑水50千克，在室温为20 ～ 25℃时叶面喷洒，不仅控秧徒长，还可预防病毒病、真菌病、细菌病的危害，提高叶面光合强度50% ～ 400%，增加根系数目70%以上。

（6）僵秧处理。土壤内肥料充足，在杂菌的作用下，只能利用20% ～ 24%，番茄叶小、上卷，形态僵硬，生长不良。

处理办法：在碳素有机肥充足的情况下，定植后第一次施EM生物菌2千克，以后每次1千克，植株可从空气中吸收氮和二氧化碳，分解有机肥中的其他元素，每隔一次施入50%的天然硫酸钾25千克，就能改变现状，获得高产优质的有机番茄。

土壤浓度大于8 000毫克/千克，温度高于37℃，土壤中杂菌多，根系生长慢，每亩冲施EM生物菌2千克，第二天就会长出粗壮的毛细根，植株会挺拔生长。

（7）保花保果。番茄虽属自花授粉作物，但遇到不利的环境条件时，如阴雨、低温、高温等，不能正常授粉、受精形成种子，子房内生长素类物质浓度不高，会导致子房不膨大、落花。温室番茄生产中，为保证有机番茄产量，多采用三种方法进行保花保果。①熊蜂授粉。温室番茄栽培中使用熊蜂授粉技术可在一定程度上解决落花落果的问题。熊蜂授粉的优点是果实整齐一致，无畸形果，品质优，是绿色栽培的第一选择；避免使用激素类药物；省工省力，简单易掌握。一般500 ～ 667米^{2}的温室，一棚放一群（箱）

蜂，于温室中部挖一坑距地面1米左右埋入小型水缸，放入3～4块砖头或板凳，高出缸底（避免蚂蚁侵蚀），将蜂箱放在砖头上面，给予一定的水分和营养即可。蜂群寿命不等，一般为40～50天，春季或秋季短季节栽培一箱可用到授粉结束。利用熊蜂授粉，坐果率可达95%以上。②振动授粉。利用番茄自花授粉的特点，在晴天的上午对已经开放的花朵进行人工手棒振动花柄数次，促进花粉散出落到柱头上进行授粉，特别是越夏栽培和春秋季栽培，通常5～6月温室温度高于25℃时，振动授粉是促进授粉的最好方法。此时若一味使用激素蘸花，会造成大量畸形果产生。先进的科技园区使用手持振动器进行振动授粉，这样授粉生长的果实内会有种子，可与激素蘸花处理的番茄相区别。③植物诱导剂喷花。有机番茄部分开花、多数为花蕾时，在花序上喷EM生物菌700倍液或硫酸锌，使花蕾柱头伸长，因柱头四周紧靠花粉囊，只要柱头伸长，即可授粉坐果，比用激素药剂2,4-滴授粉效果好。

4.有机番茄的病虫害诊断及防治方法

（1）猝倒病。主要发生在育苗盘中、土耕或反季节栽培幼苗的茎基部，病部初呈水渍状，后缢缩引起幼苗猝倒或枯死，有时种子刚发芽或未出土幼苗即染病，腐烂在土内造成缺苗，严重的成片死亡，湿度大时病苗上或病苗附近的土面上长出白色絮状霉层。

农业防治：①选用早熟或耐低温品种；②苗床应

选在避风向阳干燥的地块，要求既有利于排水，调节床土温度，又有利于采光，提高地温；③育苗床必要时更新床土，施用酵素菌沤制的堆肥或充分腐熟的有机肥。

药剂防治：用美国拜沃股份有限公司的3亿CFU/克哈茨木霉菌（根部型）可湿性粉剂，每平方米2 ~ 4克，进行苗床喷淋。定植时或移栽后，稀释1 500 ~ 3 000倍液，每株200毫升灌根，间隔3个月用药1次。

（2）立枯病。刚出土幼苗及大苗均可发病。病苗茎基变褐，后病部缢缩变细，茎叶萎垂枯死；稍大幼苗白天萎蔫，夜间恢复，当病斑绕茎一周时，幼苗逐渐枯死，但不呈猝倒状。病部初生椭圆形暗褐色斑，具同心轮纹及淡褐色蛛丝状霉，但有时并不明显，菌丝能结成大小不等的褐色菌核，是立枯病与猝倒病（病部产生白色絮状物）区别的重要特征。

农业防治：①加强苗床管理。提倡采用穴盘和营养钵育苗，注意防止苗床或育苗盘高温高湿。适时喷施新高脂膜，可有效防止地上水分蒸发、苗体水分蒸腾，隔绝病虫害，缩短缓苗期。②在番茄生长过程中及时中耕除草，平衡水肥，追肥要控制氮肥的施用量，增施磷、钾肥。适时通风透光，有利于番茄生长，提高其抗病性。

药剂防治：用美国拜沃股份有限公司的3亿CFU/克哈茨木霉菌（根部型）可湿性粉剂，每平方米2 ~ 4克，进行苗床喷淋。定植时或移栽后，稀释

1 500 ～ 3 000倍液，每株200毫升灌根，间隔3个月用药1次。

（3）早疫病。主要危害叶片，也可危害幼苗、茎和果实。幼苗染病，在茎基部产生暗褐色病斑，稍凹陷有轮纹。成株期叶片被害，多从植株下部叶片向上发展，初呈水渍状暗绿色病斑，扩大后呈圆形或不规则形的轮纹斑，边缘多具浅绿色或黄色的晕环，中部呈同心轮纹，潮湿时病斑上长出黑色霉层（分生孢子及分生孢子梗），严重时叶片脱落。茎部染病，病斑多在分枝处及叶柄基部，呈褐色至深褐色不规则圆形或椭圆形病斑，凹陷，具同心轮纹，有时龟裂，严重时造成断枝。青果染病，多始于花萼附近，初为椭圆形或不规则形褐色或黑色斑，凹陷，后期果实开裂，病部较硬，密生黑色霉层。叶柄、果柄染病，病斑灰褐色，长椭圆形，稍凹陷。

农业防治：①选栽抗病品种也可以利用杂交种。②轮作要选择连续两年没有种过茄科作物的土地作苗床，如果苗床沿用旧址，则要换用无病新床土。避免与其他茄科作物连作，应实行番茄与非茄科作物3年轮作制。

物理防治：种子带菌，可用52℃温水浸种30分钟，取出后摊开冷却，然后催芽播种。

药剂防治：发病前或发病初期，选用3亿CFU/克哈茨木霉菌（叶部型）可湿性粉剂300倍液稀释喷雾，每10 ～ 15天1次，发病严重时缩短用药间隔，每5 ～ 7天1次。

（4）灰霉病。病原菌为灰葡萄孢，可危害番茄的果实、叶片、花及幼苗。

农业防治：①及时通风散湿，降低棚内湿度，避免叶面结露。②清除病残植株减少侵染来源，及时摘除病叶、病果和病枝。

物理防治：①种子臭氧灭菌处理，在育苗下籽前，用臭氧水浸泡种子40 ~ 60分钟；②大剂量臭氧空棚灭菌，在幼苗移栽前，关闭放风口，用大剂量臭氧对空棚进行灭菌处理。

药剂防治：①发病前或发病初期，选用3亿CFU/克哈茨木霉菌（叶部型）可湿性粉剂300倍液稀释喷雾，每10 ~ 15天1次，发病严重时，缩短用药间隔，每5 ~ 7天1次。②生物防治剂1 000亿个活芽孢/克枯草芽孢杆菌可湿性粉剂500倍液，每7天用药1次。③2.1%丁香芹酚可溶液剂每亩喷兑好的药液50升，隔7 ~ 10天1次，视病情连续防治2 ~ 3次。

（5）叶霉病。主要危害叶片，严重时也危害茎、花和果实，叶片发病，初期叶片正面出现黄绿色、边缘不明显的斑点，叶背面出现灰白色霉层，后霉层变为淡褐至深褐色，湿度大时叶片表面病斑也可长出霉层。

农药防治：①合理轮作。与非茄科作物进行3年以上轮作，以降低土壤中菌源基数，减少初侵染源。②加强温室管理。适时通风，适当控制浇水，浇水后及时通风降湿；适当密植，及时整枝打杈，摘除病叶，以利通风透光；实施配方施肥，避免氮肥过多，适当增加磷、钾肥；提高植株抗病力。③选用抗病品种。

物理防治：①高温闷棚。选择晴天中午，采取2小时左右的30 ～ 33℃高温处理，然后及时通风降温，对病原菌有较好的控制作用。②温室消毒。若使用温室或大棚栽培时，栽苗前按每110米^{3}施用硫黄粉0.25千克的剂量和0.5千克的锯末混合，点燃熏闷一夜进行杀菌处理，一天后再栽苗。③种子消毒。播前种子用53℃温水浸种30分钟，以清除种子内外的病原。处理完后，最好再用清水漂洗几次，以清除初次水中和种子表面附着的病原体，晾晒播种。

药剂防治：①发病前或发病初期，选用3亿CFU/克哈茨木霉菌（叶部型）可湿性粉剂300倍液稀释喷雾，每10 ～ 15天1次，发病严重时，缩短用药间隔，每5 ～ 7天1次。②枯草芽孢杆菌500倍液，每7天用药1次，或0.5%小檗碱水剂500倍液喷雾。

（6）蚜虫。又称蜜虫、腻虫等，属于半翅目蚜总科，为刺吸式口器的害虫，为害茄果类蔬菜的蚜虫主要是桃蚜。成虫和若虫在叶背面和嫩梢、嫩茎上吸食汁液。嫩叶及生长点被害后，叶片卷缩，生长停滞，甚至全株萎蔫死亡；老叶受害时不卷缩，但提前干枯。

农业防治：清除田间及其附近的杂草，减少虫源。

物理防治：①利用蚜虫对黄色有较强趋性的原

理，在田间设置黄板，上涂机油或其他黏性剂吸引蚜虫并将其杀灭。②用蚜虫对银灰色有负趋性的原理，在田间悬挂或覆盖银灰膜，驱避蚜虫。③用银灰色遮阳网、防虫网覆盖栽培。

药剂防治：①使用美国拜沃股份有限公司95%矿物油乳剂150～200倍液喷雾。②在虫害发生初期用白僵菌100亿个活孢子/克油悬浮剂400～800液喷施，3～4天用1次药，连续用5～6次可以有效控制蚜虫的危害。③也可用除虫菊素、鱼藤酮、绿保李、烟碱、苦参碱、藜芦碱、苦皮藤等植物源杀虫剂和松脂酸钠等微生物源杀虫剂。

（7）白粉虱。温室白粉虱是保护地栽培中的一种极为普遍的害虫，几乎危害所有蔬菜。温室白粉虱成虫和幼虫吸食植物汁液，被害叶片褪绿、变黄、萎蔫，甚至全株死亡。此外，还能分泌大量蜜露，污染叶片和果实，导致煤污病发生，造成减产并降低蔬菜商品价值，白粉虱亦可传播病毒病。

农业防治：①要彻底清除残虫、杂草、残株，通风口增设防虫网，防止外来虫源迁入。②注意温室内蔬菜合理轮作（白粉虱对十字花科蔬菜不敏感）。③加强田间管理，严防干旱。

物理防治：利用白粉虱有极强的趋黄习性，在大棚温室内，设置20厘米×10厘米大小的橙黄色板，在板上盖塑料薄膜后涂上机油，每亩设22～24块板，置于行间，与植物高度相平，8～10天重涂1次机油。

生物防治：释放丽蚜小蜂，在白粉虱发生较轻时，可以在温室内按每株15～20头的量释放丽蚜小蜂半月1次，连放3次。

药剂防治：①使用美国拜沃股份有限公司95%矿物油乳剂150～200倍液喷雾，现配现用，充分搅拌，喷雾期间每隔15～20分钟搅拌1次，幼果期喷雾95%矿物油乳剂200～300倍液时，会在幼果表面产生少量水渍状油斑，7～10天后可自行消失不会在表面留下任何痕迹，不会影响果实外观质量。②3%印楝素乳油1 000倍液、10%多杀菌素水分散粒剂3 000倍液、白僵菌300倍液喷雾，连续用药2次。

5.有机番茄的肥料选择

有机番茄生产与常规番茄生产的根本不同在于病、虫、草害和肥料使用，其要求比常规番茄生产的要求高。

（1）施肥技术。只允许使用有机肥和种植绿肥。一般使用自制的腐熟有机肥或使用通过认证、允许在有机番茄生产上使用的一些肥料厂生产的有机肥，如以鸡粪、猪粪为原料的有机肥。在使用自行沤制或堆制的有机肥料时，必须充分腐熟。有机肥养分含量低，用量要充足，以保证有足够养分供给，否则有机番茄会出现缺肥症，生长迟缓，影响产量。针对有机肥前期有效养分释放缓慢的缺点，可以利用允许使用的某些微生物，如具有固氮、解磷、解钾作用的根瘤菌、芽孢杆菌、光合细菌和溶磷菌等，经过这些有益菌的活动来加速养分释放和养分积累，促进有机番茄对养分的有效利用。

（2）培肥技术。绿肥具有固氮作用，种植绿肥可获得较丰富的氮素来源，并可提高土壤有机质含量。一般绿肥的产量为2 000千克，按含氮0.3% ~ 0.4%，固定的氮素为6 ~ 8千克。常种的绿肥有紫云英、苕子、苜蓿、蒿枝、箭筈豌豆、白花草木樨等50多个品种。

（3）允许使用的肥料种类。有机肥料，包括动物的粪便及残体、植物沤制肥、绿肥、草木灰、饼肥等；矿物质，包括钾矿粉、磷矿粉、氯化钙等物质；另外还包括有机认证机构认证的有机专用肥和部分微生物肥料。

（4）肥料的无害化。在施用有机肥前2个月需进行无害化处理，将肥料泼水拌湿、堆积、覆盖塑料膜，使其充分发酵腐熟。发酵期堆内温度高达60℃以上，可有效地杀灭有机肥中带有的病、虫、草，且处理后的肥料易被番茄吸收利用。

（5）肥料的使用方法。①施肥量。有机番茄种植的土地在使用肥料时，应做到种植与培肥同步进行。动物肥和植物肥的施用比例掌握在1 ∶ 1为宜，一般每亩施有机肥3 000 ~ 4 000千克，追施有机专用肥100克。②施足底肥。将施肥总量80%用作底肥，结合耕地将肥料均匀地混入耕作层内，以利于根系吸收。③巧施追肥。每亩冲施生物有机钾肥25千克或施牛粪2 000 ~ 40 000千克，EM生物菌2千克，50%

天然硫酸钾25千克，钾肥和生物菌液交替冲入。番茄第一穗果坐果后，追第一次肥，依然是遵照施肥原则，将氮素施用总量的80%（56 ～ 80千克）和硫酸钾施用总量的60%（42 ～ 54千克）分3 ～ 4次随水追施。以共追肥4次算，第一次每亩追施水溶性氮、钾肥14 ～ 16千克。第二穗果开始膨大时（距第一次追肥10 ～ 15天）追第二次肥，每亩追施水溶性氮、钾肥12 ～ 18千克，氮钾比为1 ∶ 3。结第三穗果时，追第三次水溶性氮钾肥15 ～ 18千克，氮钾比为1 ∶ 3。在第四穗果开始膨大，第五穗坐果后进行第四次追肥15 ～ 20千克。有条件的地方，坚持测土施肥，做到施肥合理。

对于种植密度大、根系浅的番茄可采用铺肥追肥方式，当番茄长至3 ～ 4片叶时，将经过晾干制细的肥料均匀撒到番茄地内并及时浇水。对于种植行距较大、根系较集中的番茄，可开沟条施追肥，开沟时不要伤断根系，用土盖好后及时浇水。对于种植株行距较大的番茄，可采用开穴追肥方式。

6.有机番茄的加工与运输

（1）采收。就地上市的应在果实转红后及时采摘。如外界气温下降，果实成熟慢，可使用催红剂加速果实红熟（乙烯利0.2%）。如霜冻来临，果实已泛白而快成熟，可将这部分青果提前采收储藏。采收前15天用50%多菌灵可湿性粉剂500 ～ 600倍液喷果1次，可在储藏时减少病果腐烂。

（2）储藏。采收后，选无病虫害、无伤口的果按其成熟程度分开堆叠，最好将稻草或谷壳作为储藏材料，即地面铺上一层塑料膜，膜上放一层稻草或谷壳，再叠一层番茄，番茄上放一层稻草或谷壳，再放番茄。如此堆叠上去，最上一层盖上草帘（不能盖膜）。储藏室要靠南，储藏温度为10 ～ 15℃，不能低于8℃，相对湿度为70% ～ 80%，一周左右翻动1次。翻堆时将已成熟的果选出上市，将病果、烂果去除，未红的果实继续储藏，陆续上市。

（3）加工。番茄一般被加工为番茄酱或番茄汁，番茄酱生产线主要包括5个部分：新鲜番茄接收、清洗和分拣系统，破碎打浆系统，浓缩系统，杀菌系统，无菌灌装系统。新鲜番茄经过清洗、提升、分拣、破碎打浆、浓缩杀菌、无菌灌装后成为桶装的番茄酱成品。

（4）运输。有机番茄在运输时，应严格按照《有机产品运输管理规程》操作。另外，番茄运输要求速度快、时间短，尽量减少途中不利因素对果实的影响。番茄运输时温度最为重要，成熟果的运输温度以7 ～ 10℃为宜，绿熟果则以11 ～ 13℃为宜。

运输是在动态条件下进行的，震动对果实的影响不可忽视，轻微短期震动不至于引起伤害，但强烈和频繁的长时间震动会使番茄产生不良的生理反应和损伤，导致其品质和风味下降。运输前后的装卸中，粗放操作产生的强烈震动也会对其造成很大伤害。

因此，番茄运输中最重要的是保护果实避免运输过程中受到污染与机械损伤。在运输车中番茄堆叠要稳固，避免碰撞、冲击损伤果实。装载量大时，应在包装容器与车壁之间以及堆垛之中适当留有缝隙，便于通风和热量交换。

（二）温室有机茄子生产管理技术

1.茄子概述

茄子原产于亚洲热带，我国各省均有栽培，其根系发达，属于纵向型直根系。主根垂直伸长，入土深度可达1.3 ～ 1.7米，侧根分布不及番茄根系，主要根群分布在30厘米的土层中。茄子根系木质化较早，生成不定根的能力相对弱一些，侧生根短，分布在5 ～ 10厘米的土层中。茄子根系不如番茄根系再生能力强，损伤后很难恢复，因此育苗时不强调多次移栽来刺激旺盛生长的幼根系。茄子育苗时应考虑营养钵育苗或采用穴盘无土育苗等方法。茄子根系需氧量大，田间积水、大水漫灌、土壤板结均不利于其根系生长，会导致其根系窒息、植株萎蔫死亡。因此，起高垄栽培和疏松土壤是种植高产温室茄子的重要措施。

茄子叶片为单叶、互生、柄长、叶形与品种特性有关。植株矮的品种叶片较宽大。叶片边缘有波浪状的缺刻，叶面粗糙有茸毛，叶脉和叶柄有刺。叶片颜色与品种特性有关，紫色茄叶脉为紫色，白茄、绿茄叶脉为绿色。

茄子花为两性花，单生，较少簇生，自花授粉。开花时，花粉从花药顶孔开裂散出。开花后依据雌蕊柱头长短分为长柱花、中柱花、短柱花。花柱高于花药为长柱花，花大色深为健全花，可以正常授粉结果；花柱低于花药或退化为的短柱花，花小色淡、花梗细多为不健全花，一般不能正常结果或结果畸形。

茄子以果形均匀周正，口感鲜嫩适度，无裂口、腐烂、锈皮、斑点，皮薄、籽少、肉厚、细嫩的为佳品。嫩茄子颜色乌暗，皮薄肉松，质量小，籽嫩味甜，籽肉不易分离，花萼下部有一片绿白色的皮。老茄子颜色油亮光滑，皮厚而紧，肉坚籽实，肉籽容易分离，籽黄硬，质量大，有的带苦味。

茄子主要有3种：圆茄，植株高大、果实大，圆球、扁球或椭圆球形，我国北方栽培较多；长茄，植株长势中等，果实细长棒状，我国南方普遍栽培；矮茄，植株较矮，果实小，卵或长卵形。

茄子起源于东南亚热带地区，在长期热带气候条件下，形成了喜温暖不耐寒、不耐霜冻的特性。出苗前要求白天温度25 ～ 30℃，夜间温度16 ～ 20℃。当温度低于15℃时果实生长缓慢，低于10℃时生长停顿，5℃以下就会受冻害。然而温度高于35 ～ 40℃时，茎叶虽能正常生长，但花器发育受阻，果实畸形或落花落果。

茄子对光周期的反应不敏感，要求中等强度的光照。在弱光照条件下，光合产物少，生长势弱，而且受精能力低，容易落花。光合作用最大的叶龄为

30 ～ 35天。在强光照和9 ～ 12小时短日照条件下，幼苗发育快，花芽出现早。光照充足，果皮有光泽，皮色鲜艳；光照弱，落花率高，畸形果多，皮色暗。

茄子的单叶面积大，水分蒸腾多。当土壤中水分不足时，植株生长缓慢，甚至引起落花，所结果实果皮粗糙、品质差，土壤湿度一般要保持在80%左右。在干旱季节，灌溉的增产效果非常明显，为了保持土壤中适当的水分，除灌溉以外，也可以使用地膜覆盖的方法，以减少地面水分的蒸发。结果期是茄子需水最多的时期，要根据果实发育的情况适时浇灌。第一朵花开放的时候，要控制水分，以免落花。但当果实开始发育，萼片已伸长时，需浇水以促进果实迅速生长。以后每层果实发育的初期、中期，以及采收前几天，都要及时浇水，以满足果实生长需要。

茄子耐旱力弱，生长期长，宜选用土层深厚、保水性强、pH为5.8 ～ 7.3（最适pH为6.0 ～ 7.0）的肥沃壤土或黏土种植。

2.有机茄子的生产准备

（1）育苗。茄果类的育苗方式基本相同，都是采用温室、温床或阳畦育苗。但茄子催芽比较困难，对温度的要求较高，播种前用55 ～ 60℃的温水烫种，边倒边搅拌，温度下降到20℃左右时停止搅动，浸泡一昼夜捞出，搓掉种子上的黏液，再用清水冲洗干净，放在25 ～ 30℃的地方催芽，催芽期间环境湿度应维持在85%，有30% ～ 50%种子露白即可播种。

播种时，苗床先用温水洒透，然后将种子均匀撒到床内，覆细土0.8～1厘米。播后立即扣上拱棚，夜晚加盖草苫保温，出苗前白天床温保持在26～28℃，夜晚20℃左右，4～5天即可出苗。50%～60%出苗后及时降温，白天25℃左右，夜晚15～17℃，阴天可稍低些。

茄子幼苗生长较缓慢，特别是在温度低的条件下，难以培育出早熟的大苗，一般茄子的苗龄需为85～90天。

（2）分苗。当幼苗有2～3片真叶时，可以分苗。分苗主要是分到阳畦或塑料拱棚中。床土要肥沃，可施用一定量的速效性氮肥。另外，分苗时单株要保留一定的营养面积，以10厘米×10厘米为宜。分苗后要立即覆盖塑料拱棚，夜晚必须加盖草苫封严并保持一定的温度（20～25℃）。缓苗后，开始通风降温，白天25℃，夜晚15℃，要特别注意防止晴天中午高温“烧苗”。如果苗床肥力不足，要结合浇水进行追肥。苗床板结可用小齿耙松土，定植前10天通风炼苗，但也要防止冻害。壮苗标准为苗高16～23厘米，叶片5～7叶，茎粗0.5～0.7厘米。

3.有机茄子的种植管理方法

（1）田间管理。温室栽培茄子定植后3天进行一次浅中耕，以提高地温、促缓苗。缓苗后再进行一次中耕，并重视覆土，随中耕起12～15厘米的高垄，使垄面超过坨面。①肥水管理。缓苗后至开花前一般不浇水，如干旱可浇一次小水。到门茄“瞪眼”期即可追肥浇水，结合浇水亩施腐熟有机肥50千克。当茄子坐果后，每5～7天浇一次水，可隔3天追一次肥，每次随水施入腐熟的鸡粪水。②整枝打杈。门茄坐住后，保留二杈状分枝，并将门茄下的腋芽去除。保护地栽培缓苗后10天左右，每亩穴施鸡粪100千克，并浇小水，然后松土促根控秧。温度保持在白天22～27℃，夜间13～18℃。株高50厘米时吊绳、盘头、疏枝节、打杈。③保花保果。茄子落花原因很多，除花的素质差、短柱花多外，营养不良，连阴天或持续低温、高温、病虫害均可造成落花。防止落花应从培育壮苗、加强管理、保护根系、改善通透条件和预防病虫害等方面做起。有机茄子生产中为保证产量，多采用熊蜂辅助授粉方法进行保花保果。熊蜂授粉的优点是果实整齐一致，无畸形果，品质优；消费者不受激素的困扰；省工省力，简单易掌握。一般500～667米^{2}的温室，一棚放一群蜂，将蜂箱置于温室中部距地面1米左右的地方，给予一定的水分和营养即可。蜂群寿命不等，一般40～50天，短季节栽培如春季栽培或秋季栽培一箱可用到授粉结束。利用熊蜂授粉，坐果率可达95%以上。

(2) 采收中管理。温室栽培温度白天控制在25～30℃，夜间15～20℃，加强通风换气。茄子收获后，冬季每隔5～7天浇清水一次，夏季每隔3～4天浇清水一次。每隔10～15天，每亩用100千克鸡粪加200千克水浸泡2天后的过滤液滴灌一次；或每亩穴施腐熟鸡粪100千克，定植后5～7天浇一次缓苗水。当茄子开始膨大时，根据墒情浇水，一般一周一次水，雨后注意排水防涝。铲趟管理，不覆膜的茄子要进行三铲三趟，茄子封垄前结束中耕。及时整枝，及时摘除茄子以下老叶、黄叶，及时摘掉无用的杈子。

4.有机茄子的病虫害诊断及防治方法

（1）黄萎病。茄子定植后不久即可发病，遇低温定植发病早且重，但以坐果后发病面积最大，病情最重。发病初期植株半边下部叶片近叶柄的叶缘及叶脉间发黄，后渐渐发展为半边叶或整叶，叶缘稍向上卷曲，有时病斑仅限于半边叶，引起叶片歪曲。早期发病茄株呈萎蔫状，早晚或雨后可恢复，后叶片变为褐色，全株萎蔫，叶片脱光，整株死亡。严重时，往往全叶黄萎，变褐枯死。该病多数为全株发病，少数仍有部分无病健枝。发病时多由植株下部向上逐渐发展，严重时全株叶片脱落。发病株矮小，株形不舒展、果小，长形果有时弯曲。纵切根茎部可见到木质部维管束变色，呈黄褐色或棕褐色。

防治方法：①与非茄科作物或瓜类作物轮作3～4年。②选用无病种子和抗病品种，施足腐熟有机肥。③及时拔除病株深埋或烧毁，并在根际土壤中灌注药液消毒杀菌。④种子消毒处理，种子先用冷水预浸3～4小时，再用55℃温水浸种15分钟，阴干备用。

（2）细菌性叶斑病。该病主要危害叶片，病斑多从叶缘开始，从叶缘向内沿叶脉扩展，病斑形状不规则，有的外观似闪电状或近似河流的分支，淡褐色至褐色。患部病征不明显，露水干前，手摸斑面有质黏感。

防治方法：①与茄科蔬菜实行3年以上轮作。并对种子采用78 ~ 85℃的热水处理。②精选无菌良种，并进行消毒。③对大棚和土壤进行杀菌消毒。④实行全方位地膜覆盖，防止浇水过大，并及时通风排湿。⑤药剂防治。发病初期，可喷施氢氧化铜可湿性粉剂500倍液，每隔7 ~ 10天喷1次。

（3）红蜘蛛。危害叶背，受害叶先形成白色小斑点，后褪变为黄白色，严重时变成锈褐色，造成叶片脱落，果实干瘪，植株枯死。果实受害，果皮变粗，形成针孔状褐色斑点，影响品质。

防治方法：①农业防治。前茬收获后，清除枯枝落叶和田边杂草，破坏红蜘蛛越冬场所；冬闲菜地秋后深翻，定植前及时春耕，消灭越冬红蜘蛛。②生物防治。田间捕食红蜘蛛的昆虫种类很多，据调查主要有中华草蛉、食螨瓢虫和捕食螨类等，其中以中华草蛉种群数量较多，对红蜘蛛的捕食量较大，保护和增加天敌数量可增强对红蜘蛛种群的控制作用。

（4）斜纹夜蛾。成虫夜出活动，飞翔力较强，具趋光性。卵多产于叶背的叶脉分叉处，堆产，卵块常覆有鳞毛而易被发现。初孵幼虫具有群集危害性，常在卵块附近昼夜取食叶肉，留下叶片的表皮，使叶片呈现不规则的透明白斑，三龄以后则开始分散，老龄幼虫有昼伏性和假死性，白天多潜伏在土缝处，傍晚爬出取食，将叶片吃出小孔或缺口，严重时将叶片吃光，遇惊就会落地蜷缩作假死状。

农业防治：①清除杂草，收获后翻耕晒土或灌水，以破坏或恶化斜纹夜蛾化蛹场所，有助于减少虫源。②结合管理随手摘除卵块和群集为害的初孵幼虫，以减少虫源。

物理防治：①黑光灯诱蛾，即利用成虫趋光性，于盛发期用黑光灯诱杀。②糖醋诱杀，即利用成虫趋化性配糖醋液（糖：醋：酒：水=3：4：1：2）加少量敌百虫诱蛾。③柳枝蘸洒500倍敌百虫诱杀蛾子。

5.有机茄子的肥料选择

茄子属茄科植物，根系发达，比较喜肥耐肥，适于富含有机质及保水保肥力强的土壤，在我国已有1 000多年的栽培历史。茄子果实为浆果，以嫩果供食用，嫩果中含有较多的维生素、蛋白质、糖、钙和铁等，其维生素P的含量居果蔬之首，是大众化的保健蔬菜。施用鸡粪和猪粪对茄子的产量和品质影响明显：可提高茄子产量；可减轻茄子黄萎病的危害；可改善茄子植株的生长发育；适量施用可以改善茄子的品质。施肥方案介绍如下。

（1）底肥。温室内每亩用牛粪1.5吨；稻壳660千克，硫酸钾2千克，生物益生菌0.3千克。

（2）追肥。每亩追施复合益生菌液1.5千克，每次随水滴施0.2 ～ 0.3千克；含量50%的硫酸钾8.5千克，追肥时一次追施复合益生菌0.15千克，另一次滴施硫酸钾1.5千克，交替进行；全期10 ～ 12次。

（3）植物诱导素。每亩全期用量10克，每次50克稀释1 000倍液灌根或叶面喷施，全期2 ~ 3次。具体应用方法：取50克原粉，放入瓷盆或塑料盆，用500克开水冲开，放置24 ~ 60小时，兑水30 ~ 60千克，灌根或叶面喷施；在茄子4叶左右时全株喷一次预防病毒病；在定植后按800倍液再喷一次或灌根一次，如果早中期植物有些徒长，节长叶大，可用650倍液再喷一次。

（4）植物修复素。每6亩全期用1粒，每亩喷2 ~ 3次，在结果期每粒兑水10 ~ 15千克，叶面喷洒即可，以早晚20℃左右时喷施效果最好。

6.有机茄子的加工与运输

如果茄子采收前期雨水过多，会导致储运期间病害发生严重，因此在储运时要严格剔除病果和受机械损伤果。并且要控制在适宜的环境条件下储运，一般储运温度控制在10 ~ 13℃，注意通风换气，相对湿度保持在90%左右。

如果运输的过程太长可用大塑料袋盛装封口，也能起到一定的保鲜作用。如果暂未销售，可以使用埋藏保鲜法，选择地势高、排水好的地方沿东西向挖一条宽1米、长3米、深1.2米的坑，坑的东西两端各留一个通气孔，其中一端留出口，坑顶用玉米秸铺盖后，再覆盖约12厘米厚的土，将选好的茄子柄向下一层层叠放，果柄插在果层的间隙中，以避免刺伤茄子，堆叠五层茄子后，果顶上覆盖牛皮纸，将坑口堵上。维持坑内温度在5～8℃，若温度低于5℃，在坑顶加土保温，并堵塞气孔；若温度过高，则打开气孔调节降温。这种方法可储存茄子40～50天，在储藏期间要勤检查，发现病果或腐烂果及时剔除。运输过程的保鲜也可用类似的方法，必须保持条件一直相同，储藏运输保鲜才有可能成功。

每年夏秋季，茄子大量上市后往往会因滞销造成积压浪费，现介绍茄子风味食品的深加工及储藏保鲜方法。

（1）美味茄片。新鲜茄子切成片状，按100千克茄片加16千克盐的比例，在缸内一层茄片一层盐装满。接着添加浓度为16%的盐水将茄子淹没，压上重物盖严。每隔2～3天翻缸1次，经20天左右腌制成熟，取出放在清水内浸泡6小时，其间换水3～4次，再捞起晾干。取出茄片100千克，加辣椒粉1.2千克、花椒粉1千克、白砂糖8千克、味精200克混合拌匀，置于酱油中浸泡1周，即成美味茄片。

（2）糖醋茄子。将新鲜茄子洗净，去蒂，晾干，切成两半，然后装缸。按100千克茄子加10千克糖的比例，放一层茄子撒一层糖直至装满，再用醋（100千克茄子加10千克醋）泼洒到与茄子相平，压上重物。每隔2～3天翻缸1次，连续翻3～4次即可。把腌缸放在阴凉通风处，15天后即可食用。

（3）酱油茄片。将腌制成熟的咸茄子切成薄片，放在清水中浸泡1天，换水3～4次，捞出晾干半天，然后每100千克咸茄片加入2.5千克姜丝，放入酱油中浸泡，每天翻动1次，10天后即可食用。

（4）咸蒜茄条。先把咸茄子切成宽2厘米、长4～5厘米的条，用开水煮到可咬动而不烂的程度时，捞出用冷水浸泡，降温后摊开晾干，装缸腌制。在装缸时每100千克咸茄子加入蒜头或蒜末3.5千克、酱油3千克和鲜姜末1.5千克。第二天翻动1次，隔1天再翻1次，4～5天后即可食用。成品以颜色深红、咸辣适口为标准。

（5）茄子干。将成熟的无病虫害的茄子去蒂，切成薄片，放入开水中滚一下，立即捞出晾干，放在太阳下晒。每隔2～3小时翻动1次，夜间取回室内，连续晒2～3天，即可装箱或装缸储藏备用。食用时用温开水浸泡还原，与猪肉同炒，味道鲜美。

（6）茄子窖藏保鲜。选择地势高燥、排水良好的地方挖沟，沟深1.2米，宽1～1.5米，长度视茄子的数量而定，选择无机械伤、无虫伤、无病害的中等大小的健康茄子在阴凉处预储，待气温下降后入沟。入沟时，将果柄朝下一层层叠放。第二层果柄要插入第一层果的空隙，以防刺伤好果。如此叠放4～5层，在最上层盖牛皮纸或杂草，以后随气温下降分层覆土。为防止茄子在沟内上热，在埋藏茄子时，可每隔3～4米竖一通风筒和测温筒，以保持沟内温度适宜。如果温度过低，应加厚土层，堵严通风筒；如温度过高，可打开通风筒。采用这种方法一般保鲜储藏茄子40～60天。

（三）温室有机辣椒生产管理技术

1.辣椒概述

辣椒，又叫番椒、海椒、辣子、辣角、秦椒等，是茄科辣椒属植物，属于一年或多年生草本植物。原产于墨西哥，明朝末年传入中国。果实通常呈圆锥形或长圆形，未成熟时呈绿色，成熟后变成鲜红色、黄色或紫色，以红色最为常见。辣椒的果实因果皮含有辣椒素而有辣味，能增进食欲。辣椒中维生素C的含量在蔬菜中居第一位。

随着生活水平提高，人们的农产品质量安全意识日益增强，辣椒采用有机栽培，具有品质好、产量高、无污染等优点，正好契合了人们的需求，具有良好的发展前景，值得发展和推广（图67）。

图67　温室有机辣椒种植

2.有机辣椒的生产准备

(1)品种选择。禁止使用经有机禁用物质和方法处理的种子和种苗，种子处理剂应符合GB/T 19630.1—2011要求；选择适应当地生态条件且经审定推广的优质、高产、抗病虫、抗逆性强、适应性广、耐储运、商品性好的品种。如湘研1号、湘研11、更新1号、杭州鸡爪椒等。

(2)培育壮苗。①育苗方式。在塑料大棚和温室中育苗。②种子消毒与催芽。晒种后，用50 ~ 55℃温水浸种15 ~ 20分钟，再用浓度为0.5%的高锰酸钾溶液浸5分钟取出，用清水冲洗干净并用纱布包好，再用干净的湿毛巾包上，放在25 ~ 30℃处催芽，每天检查并用温水淋洗，过3 ~ 5天胚根露出种皮即可播种。③营养土配制及床土消毒。将40%充分腐熟的鸡粪和60%肥沃疏松的园土经充分摊晒日光消毒，过筛后混合均匀，每立方米营养土中再加10%草木灰。播种床耙平踏实后，均匀铺3 ~ 4厘米厚营养土；苗床先经深翻，浇水后覆盖地膜、闭棚升温7 ~ 10天，撤去地膜，再铺床土育苗。④播种和育苗。播种要求做到床土平，底水足，覆盖好。床土整平以后，底水一定浇足，出苗前不补充浇水。底水应达到10厘米深使床土饱和。撒种要均匀，每平方米苗床播种18 ~ 22克（以干重计算），撒完种过10 ~ 20分钟再覆土，覆土厚度为0.7 ~ 1厘米，覆土后盖不含氯的地膜保墒，保持高温高湿的环境。

（3）苗期管理。①幼苗期管理。辣椒播后白天气温保持在25 ~ 30℃，80%出苗后即可揭膜降温，创造光照充足、地温适宜、气温稍低、湿度较小的环境，白天23 ~ 25℃，夜间15 ~ 17℃。子叶展开到第一片真叶露尖，将温度控制在白天18 ~ 20℃，夜间10 ~ 15℃。第一片真叶出来后保持白天25℃左右，夜间17 ~ 20℃。移苗前4 ~ 6天降温炼苗，温度逐渐降到白天18 ~ 20℃，夜间13 ~ 15℃。齐苗后浇齐苗水保湿，在播种水浇足的情况下，移植前一般不浇水，秧苗缺水时选择晴天少量浇水，浇水后应保湿，保持床土不干燥，同时防止空气湿度过大，移植前一天可轻浇一次水，以利起苗。②成苗期管理。缓苗期，分苗后提高温度，在水分充足、温度适宜条件下可促进缓苗，白天保持25 ~ 30℃，夜间保持20℃。旺盛生长期，白天气温保持25 ~ 27℃，夜间气温保持17 ~ 18℃。炼苗期，定植前1周左右进行低温炼苗，揭去所有覆盖物，使辣椒苗在露地条件下生长。移苗后在新根长出前不要浇水，新叶开始生长后可根据幼苗长势、土壤墒情，适当用喷壶浇水。定植前15 ~ 20天结合浇水用纯沼液兑水3倍喷施。

（4）整地施肥和定植。①整地施肥覆膜。定植前15 ~ 20天，选择非茄科作物茬口的地块，翻耕晒土，整地、做畦和覆地膜要求仔细、平整，畦沟深25厘米。肥料使用应符合GB/T 19630的要求，亩施优质有机肥5 000千克、饼肥300千克、磷肥50千克、钾肥20千克。然后深耕起70 ~ 100厘米宽的高畦，畦上覆盖无氯地膜，架设大棚防虫网，闭棚升温7天左右进行病原菌杀灭。大棚膜、防虫网选用不含氯材料。②定植。大棚定植选择2月上、中旬地温稳定在7～8℃时；露地地膜覆盖栽培定植在3月底、4月初地温稳定在15～17℃时。定植选在晴天中午进行，高温季节选在下午进行。在畦上定植双行，株距25厘米，定植时使辣椒两排侧根与畦沟垂直。

（5）定植后管理。定植后浇足定植水，门椒坐住之前不浇水，浇水也是在植株出现萎蔫需补充水分时选择晴天浇小水。门椒坐住以后，开始小水勤浇，保证辣椒生长发育的需求。根据天气确定浇水时间，气温低时选择在上午进行，高温时选择早晨进行，进入盛果期加大浇水量，但不要大水漫灌，雨前挖好排水沟，防止大雨造成土壤积水。露地栽培雨后及时扶苗，用清水洗去植株上污泥。进入盛果期结合浇水进行追肥，每亩顺水追施水量1/3的沼液或腐熟饼肥50千克，每7～10天浇一次水，隔一水追一次肥。

定植后每隔10天用沼液3倍稀释液兑1%白糖进行叶面追肥，以增加植株碳水化合物含量；初花期利用蜜蜂传粉或用手持振荡器辅助授粉，门椒坐住后及时打掉门椒以下侧枝，生长期及时摘除病叶、老叶，适当疏剪过密枝条。

3.有机辣椒的种植管理方法

（1）苗床期管理。辣椒病害严重、发病较多，必须引起高度重视，苗期主要以立枯病、猝倒病、青枯病、根腐病、疫病等多种病害发生严重。要注意预防病害，另外应加强苗床期间水分、温度管理，如遇干旱在晴天10:00前和17:00后各浇水一次，注意温度控制，苗床内温度一般白天保持在20 ~ 30℃，夜间保持在15 ~ 20℃为宜。白天如温度过高需揭膜通风降温，预防高温烧苗，夜间温度低需盖膜保温；在苗床期，随时除草，并做好匀苗间苗工作，为辣椒苗生长创造有利条件。在移栽前3 ~ 5天揭膜炼苗，移栽前1天浇一次透水，以利于拔苗时不伤根系。移栽时尽量做到带土移栽，有利于移栽后尽快缓苗。

（2）移栽至温室管理。辣椒移栽前，温室内做到精耕细作畦面平整，1.2米开畦，畦高20厘米以上，畦面75厘米，沟宽45厘米（可添加麦壳，防渍防涝，降低棚内湿度），单株种植，株行距40厘米 × 47厘米（图68），每亩3 500 ~ 3 600株为宜。充分施足肥水，

图68　温室有机彩椒种植

每亩施充分腐熟的农家肥750 ～ 1 000千克、生物有机肥50千克、磷肥15千克、钾肥10千克，充分混合搅匀后用作底肥，施于穴中。

选择晴天上午或下午4:00后移栽，栽后浇水，有利于成活。移栽活棵后施药一次，预防病害，结合除草培土追肥促进辣椒苗期生长，随时注意防治虫害，防涝防渍，创造辣椒生长的良好条件，为辣椒高产奠定基础。

（3）采收期。辣椒成熟后，进行采收。由各乡镇与县委办公室多渠道联系收购商，同收购商约定采收时间，通知农户统一采收统一组织销售，以销售青椒为主的地块，每采收两次必须追肥一次，目的在于进一步提高产量。

4.有机辣椒的病虫害诊断及防治方法

病虫防治应坚持“预防为主，综合防治”的方针，以农业防治、物理防治、生物防治为主，化学防治为辅，采取无害化综合防治措施。药剂防治必须符合GB/T 19630.1—2011要求，杜绝使用禁用农药，严格控制农药用量和安全间隔期。

（1）猝倒病。猝倒病是辣椒苗期重要病害之一，全国各地均有分布，常因育苗期温度和湿度不适、管理粗放引起，发病严重时常造成幼苗成片倒伏死亡。发病初期，苗床上只有少数幼苗发病，几天后以此为中心逐渐向外扩展蔓延，最后引起幼苗成片倒伏死亡。

防治方法：①进行种子、苗床土壤消毒，或选用无病新土育苗。②加强苗床管理，提高苗床温度，降低棚内湿度，严防幼苗徒长，发现病苗及时拔除。③发病初期用大蒜汁250倍液、25%络氨铜水剂500倍液或5%井冈霉素水剂1 000倍液喷洒，一周后再喷一次。

（2）灰霉病。苗期危害叶、茎、顶芽，发病初子叶先端变黄后扩展到幼茎，缢缩变细，常自病部折倒而死。成株期危害叶、花、果实。叶片受害多从叶尖开始，初呈淡黄褐色病斑，逐渐向上扩展成V形病斑。茎部发病产生水渍状病斑，病部以上枯死，花器受害，花瓣萎蔫。果实被害，多从幼果与花瓣粘连处开始，呈水渍状病斑，扩展后引起全果褐斑。病健交界明显，病部为灰褐色。

防治方法：①加强大棚湿度管理，及时通风排湿，浇水选择晴天上午进行，适当稀植，及时摘除植株下部多余枝叶，保持植株通风透光。②发现病株适当控制浇水，每亩用2%春雷霉素水剂500倍液或80%碱式硫酸铜可湿性粉剂800倍液。

（3）疫病。成株染病，叶片上出现暗绿色圆形病斑，边缘不明显，潮湿时，其上可出现白色霉状物，病斑扩展迅速，叶片大部分软腐，易脱落，干后淡褐色。茎部染病，出现暗褐色条状病斑，边缘不明显，条斑以上枝叶枯萎，病斑呈褐色软腐，潮湿时斑上出现白色霉层。果实染病，病斑呈水渍状暗绿色软腐，边缘不明显，潮湿时，病部扩展迅速，可全果软腐，果上密生白色霉状物，干燥后变淡褐色、枯干。

防治方法：①对种子和苗床进行消毒，或选用无病新土育苗。②采用地膜覆盖栽培，阻挡土壤萌发孢子向上扩散。③下午闭棚速度不宜过快，减少叶片结露。④发病后适当控制浇水，防止土壤过湿，棚内空气湿度大时及时放风排湿，施入生石灰调节土壤pH。⑤发病初期可用大蒜汁250倍液、井冈霉素、80%碱式硫酸铜可湿性粉剂800倍液每隔7 ~ 10天全株喷药1次，连续2 ~ 3次。

（4）蚜虫。是有机辣椒上最常见的害虫，其主要防治方法包括以下几点：①发现蚜虫前悬挂黄板诱杀，植株喷肥皂水、辣椒水驱蚜，及时发现蚜虫并喷药消灭蚜源，减少病毒病扩展。②苗床选择周围种植高秆植物的地块，可预防蚜虫迁飞传病。③用银灰色的薄膜或纱窗，或用普通农用薄膜涂上银灰色油漆，平铺畦面四周以避蚜，防效可达70%以上。

5.有机辣椒的肥料选择

（1）底肥。温室内每亩用牛粪1.5吨；稻壳66千克，硫酸钾2千克，生物益生菌0.3千克。

（2）追肥。每亩追施复合益生菌液1.5千克，每次随水滴施0.2 ~ 0.3千克；含量50%的硫酸钾8.5千克，追肥时一次追施复合益生菌0.15千克，另一次滴施硫酸钾1.5千克，交替进行；全期10 ~ 12次。

（3）植物诱导素。每亩全期用量10克，每次50克稀释1 000倍液灌根或叶面喷施，全期2～3次。具体应用方法：取50克原粉，放入瓷盆或塑料盆，用500克开水冲开，放置24～60小时，兑水30～60千克灌根或叶面喷施。在辣椒4叶左右时全株喷一次预防病毒病；在定植后按800倍液再喷一次或灌根一次，如果早中期植物有些徒长，节长叶大，可用650倍液再喷一次。

（4）植物修复素。每6亩全期用1粒，每亩喷2～3次，在结果期每粒兑水10～15千克，叶面喷洒即可，以早晚20℃左右时喷施效果最好。

6.有机辣椒的加工与运输

（1）红辣酱。红辣椒10千克、盐1.5千克、花椒30克、大料50克，先将辣椒洗净、晾干，再将调料粉碎，与辣椒末一并入缸密封，7天后即成。

（2）腌青辣椒。青辣椒10千克、盐1.4千克、水2.5千克、大料25克、花椒30克、干生姜25克，将青辣椒洗净、晾干、扎眼、装缸。将花椒、大料、生姜装入布袋，投入盐水中煮沸3～5分钟捞出，待盐水冷却后入缸。每天搅动一次，连续3～5次，约30天后即成。

（3）腌红辣椒。鲜红辣椒10千克、盐2千克、白糖500克、料酒100克，将辣椒洗净，在开水中焯5秒钟迅速捞出，沥尽水晾晒后倒进大盆，加入盐、白糖拌匀，腌24小时后入缸，淋入料酒，密封储藏，约60天后即成。

（4）豆瓣辣酱。鲜辣椒10千克、豆瓣酱10千克、盐500克，将辣椒洗净、去蒂、切碎，入缸加盐与豆瓣酱搅匀，每天翻动一次，约15天后即成。

（5）辣椒芝麻酱。辣椒10千克、芝麻1千克、盐1千克、五香粉300克、花椒和八角各100克，将辣椒、芝麻粉碎，与花椒、八角、五香粉及盐一并入缸充分拌匀后储藏，随吃随取。

（6）酸辣椒。鲜辣椒10千克、米醋和醋各20克，先将辣椒洗净，用开水烫软后捞起、沥干、装缸，然后加入米醋、醋及凉开水（水高于辣椒10厘米），密封腌渍，约60天后即成。

（7）五香辣椒。辣椒10千克、盐1千克、五香粉100克。将菜椒洗净，晒成半干，加入调料拌匀，入缸密封，15天后即成。

（8）有机辣椒的运输。有机辣椒在运输时应严格按照《有机产品运输管理规程》操作。运输时，包装有机食品提倡使用由木、竹、植物茎叶和纸等材料制成的包装，允许使用符合卫生要求的其他包装材料；包装应简单，避免过度包装，并应考虑包装材料的回收利用；允许使用二氧化碳和氮作为包装填充剂；禁止使用含有合成杀菌剂、防腐剂和熏蒸剂的包装材料，以及禁止使用接触禁用物质的包装袋或容器。

（四）温室有机黄瓜生产管理技术

1.黄瓜概述

黄瓜果实为假浆果，果实内部大部分为子房壁和胎座。黄瓜具有单性结实的特性，这是它能在密闭、无传粉条件温室内生产的一个重要条件。黄瓜的大小、颜色及形状多种多样。

黄瓜根系分布较浅，主要分布于表土下25厘米内，5厘米内更为密集，但主根可深达60 ~ 100厘米，侧根横向伸展主要集中于半径30厘米范围内。黄瓜根木栓化早，损伤后很难恢复，因此黄瓜育苗应适时移栽，或采用穴盘无土育苗措施。黄瓜茎上易发生不定根，且生长旺盛，因此起高垄使土壤疏松并在定植后培土诱发不定根扩大黄瓜根群是黄瓜生产上一项有效栽培措施。

黄瓜茎为攀缘性蔓生茎，具有顶端优势及分枝能力，茎蔓长度会因栽培品种和栽培模式不同而有差异。黄瓜叶为五角心脏型，叶及叶柄上均有刺毛，叶片大。叶片是光合器官，减少叶片间相互遮挡使其最大限度地接受光照，同时保持适宜夜温，使白天的光合产物及时输送出去，可最大限度发挥叶片制造养分的功能。

黄瓜花生于叶腋，黄色，基本属于雌雄同株异花，偶尔也有两性花，生产上也有全部节位着生雌性花的雌性系品种。黄瓜的种子扁平、长椭圆形、黄白色。一般一个果实含100 ~ 300粒种子，种子千粒重23 ~ 42克，采种后约有数周休眠期，种子寿命2年左右。

黄瓜皮含有较多苦味素，是有机黄瓜的营养精华所在，有机黄瓜的营养优势主要是由黄瓜皮“味甘、性平”的本质所决定的，所以能够清热解毒、生津止渴，尤其能排毒、清肠、养颜。

黄瓜喜温喜湿。适应的气温为10 ~ 38 ℃，适宜的气温范围为22 ~ 28 ℃；适应的地温为10 ~ 38 ℃。黄瓜对水分很敏感，要求空气相对湿度为60% ~ 90%，土壤必须潮湿，田间最大持水量达到70% ~ 80%。有机黄瓜对光照的要求：光饱和点为5.5×10^4勒克斯，光补偿点为2 000勒克斯。黄瓜为短日照作物，对日照的长短要求不严，在日照8 ~ 11小时条件下有利于提早开花结实。黄瓜生长的营养条件要求：由于黄瓜喜肥，氮、磷、钾肥必须配合施用，每生产1 000千克黄瓜，需氮1.7千克、磷0.99千克、钾3.49千克，而且在结瓜期需肥量占总需肥量的80%以上，光合作用进行过程中对二氧化碳很敏感。对土壤条件的要求：适于疏松肥沃透气良好的沙壤土，土壤酸碱度以氢离子浓度100 ~ 3 163纳摩尔/升（pH为5.5 ~ 7.0）为宜。

有机黄瓜露地栽培，必须在无霜期内进行。可长年栽培生产，每茬生长期为100 ~ 150天，育苗期30 ~ 65天不等。一般春、夏茬在3 ~ 4月播种，5月开始采收；秋茬6 ~ 7月直播，并应采取遮阳降温措施。黄瓜温室栽培（图69），必须选用耐低温、耐高湿、抗病、早熟的优良品种。秋、冬茬一般在10～11月播种，12月定植；冬、春茬一般在12月至翌年1月播种，2月定植。黄瓜大棚栽培，早春茬一般在12月至翌年1月播种，苗龄40～50天，3月定植。秋棚黄瓜一般在6～7月播种，苗龄30天左右，多数采用直播方式。由于秋棚黄瓜育苗期正值高温季节，除选择适宜品种外，还要在苗期采取遮阳降温措施。

图69　温室有机黄瓜种植

2.有机黄瓜的生产准备

（1）土壤处理。黄瓜需水量大但又怕涝，应选干燥、排灌方便的肥沃沙壤土地块栽培为好。定植前深耕晒垡，捣碎田垡。土地精细整地前可用“新朝阳有机植保土壤调理剂”改良土壤，能够有效疏松土壤增加耕作层厚度，提高土壤保水蓄肥能力，提高移栽成活率避免死棵，提高肥料利用率，减少土传病害的发生，促根壮苗，使植株快速进入开花结果期。

每亩用1 100克颗粒混拌腐熟农家肥或商品有机肥作为基肥施入土壤。

（2）品种选择。品种的选择是黄瓜高产、高效、优质的基础，选用抗病性强的品种，可减少喷药2 ~ 4次，因此抗病品种的选择至关重要。

（3）种子处理。播种前可用“新朝阳有机植保天然芸薹素”处理种子，能显著提高发芽率，使苗齐苗壮，且能降低立枯病和猝倒病的发生概率。使用方法和剂量：每8毫升兑水15千克形成水溶液后浸种处理3 ~ 4小时，用清水冲洗阴干后播种。

（4）播种育苗。用育苗穴盘或营养钵装上准备好的营养土后进行播种、覆土、浇水操作后用拱膜覆盖。育苗期间需时刻关注拱膜内的温度和湿度，并在移栽前3 ~ 5天做好拣苗工作，培育出株高10 ~ 12厘米、茎粗0.5 ~ 0.6厘米、四叶一心、子叶平展、叶色深绿、无病虫害、苗龄15天左右的壮苗。

根据栽培季节培育壮苗，壮苗标准为子叶完好、叶色浓绿、茎粗壮、根系发达，叶柄与茎夹角为45度，无病虫害。

3.有机黄瓜的种植管理方法

（1）苗期定植。①温室消毒。彻底清除室内前茬残株、落叶等杂物，每亩用硫黄粉2～3千克拌上锯末，在室内均匀分堆点燃密闭熏蒸一昼夜，降低病虫基数。②定植方法。当苗龄30～35天，株高10～15厘米，三至四叶一心时即可定植。在已起好的垄的两面边上按照株距25厘米进行双行定植，密度为4 000株/亩。③水分管理。黄瓜定植后，及时浇定根水。定植后一周之内不需放风，定植5天后浇一次缓苗水，然后蹲苗。待根瓜坐住后，结束蹲苗，此时需用稀薄腐熟粪水进行提苗，并浇催瓜水。

（2）抽蔓期。抽蔓期及时搭架，搭架时绑第一次蔓（也可不搭架，直接用绳子吊蔓），以后每长3节绑一次蔓，并及早打去侧蔓，以利于主蔓生长。同时保持土壤湿润，切忌大水灌溉。

（3）结瓜期。结瓜期是需水量、需肥量最大的时期，也是病虫害发生的高峰期，要合理进行肥水管理和病虫害防治，以保证黄瓜的质量。结瓜期注意植株调整，及时打掉底叶。对于秋冬茬或冬春茬，主蔓长到顶部时应打尖促生回头瓜。

（4）收获期。收获期需及时分批采收，减轻植株负担，促进后期果实膨大，在盛果期每两天采收一次。

4.有机黄瓜的病虫害诊断及防治方法

（1）霜霉病。霜霉病也称跑马干、黑毛、瘟病。此病来势猛，病害重，传播快，如不及时防治，将给黄瓜生产造成巨大的损失。在流行年份受害地块黄瓜减产20% ~ 30%，严重流行时损失达50% ~ 60%，甚至绝收。霜霉病是温室黄瓜栽培中发生最普遍、危害最严重的病害。

苗期、成株期均可发病，主要危害叶片。开始病部呈现水渍状斑点称“小油点”，在湿度大的早晨尤为明显，病斑逐渐扩大，受叶脉限制呈多角形淡褐色或黄褐色斑块，湿度大时，叶背面长出灰黑色霉层，后期病斑破裂或连片，致叶缘卷缩干枯，严重的棚内一片枯黄。春秋两季是发病高峰期。

农业防治：①选用抗病良种。②采用无菌沙土或沙壤土培育无病壮苗，与南瓜进行嫁接换根栽培也可增强抗病性。③采用膜下沟灌，以降低棚内空气湿度，选用透光率高、无滴效果好的塑料膜。④定植时合理密植，结瓜后及时打去底部老叶，增加田间通透性，减少病源。⑤棚内局部发病重但瓜秧较健壮，可以在晴天上午浇水后将温室封严，迅速使黄瓜生长点部位的温度升高到42 ~ 45℃，2小时后多点通风。⑥整地时要施足底肥。

物理防治：用50 ~ 55℃温水浸种10 ~ 15分钟。

药剂防治：3亿CFU/克哈茨木霉菌（叶部型）可湿性粉剂300倍液喷雾，每隔一周施药一次，直至病害不再发生；3%多抗霉素可湿性粉剂150 ~ 200倍兑水喷雾；86.2%氧化亚铜可湿性粉剂300 ~ 400克/亩，兑水喷雾。

（2）白粉病。白粉病也称黄瓜白霉病、白毛。通常在黄瓜生长中、后期发病重，造成黄瓜的产量损失，甚至提前拉秧。病害先出现在下部叶片正面或背面，表现为白色小粉点，后扩大为粉状圆形斑。在条件适宜时，白色粉状斑点继续扩展，连接成片，成为边缘不明显的大片白粉区，直至布满整个叶片，看上去又像长了一层白毛。其后叶片逐渐变黄、发脆，白毛由白色转变为灰白色，最后叶片失去光合作用功能。受害的叶柄和茎症状与叶片基本相似。

农业防治：①选用耐病品种。及时清除温室中的杂草、残株。②温室内要注意通风、透光，降低湿度，有少量病株或病叶时，要及时摘除。③切忌大水漫灌，可以采用膜下软管滴灌、管道暗浇、渗灌等灌溉技术。定植后要尽量少浇水，以防止幼苗徒长。④加强肥水管理，及时追肥，防止缺肥早衰。不要偏施氮肥，要注意增施磷、钾肥。结瓜期可加大肥水的用量，适时喷叶面微肥，以防植株早衰。

物理防治：可采用27%高脂膜水乳剂80～100倍液，或于发病初期喷在叶片上，每隔5～6天喷1次，连续3～4次。

药剂防治：3亿CFU/克哈茨木霉菌（叶部型）可湿性粉剂为白粉病特效药，具有治疗效果且见效快，不会产生抗性，稀释300倍液喷雾，每7天施药一次直至病情不再发生；10%多抗霉素可湿性粉剂500～800倍液喷雾；也可使用2%武夷菌素水剂100倍液喷雾。

（3）猝倒病。猝倒病为黄瓜苗期的主要病害，约

80%幼苗因此病而死亡。在种子萌芽后至幼苗未出土前受害，造成烂种、烂芽；出土幼苗受害，茎基部呈现水渍状黄色病斑，后为黄褐色，缢缩呈线状，倒伏，幼苗一拨就断，病害发展很快，子叶尚未凋萎，幼苗即突然猝倒死亡。湿度大时在病部及其周围的土面长出一层白色棉絮状物。

农业防治：①选择地势高、地下水位低，排水良好的地做苗床，播前一次灌足底水，出苗后尽量不浇水，必须浇水时一定选择晴天喷灌，不宜大水漫灌。②严格选择营养土，不用带菌的旧苗床土、菜园土或庭院土。采用快速育苗的方法，避免低温、高湿的环境条件出现。③果实发病重的地区，要采用高畦栽培，防止雨后积水，黄瓜定植后前期宜少浇水多中耕，注意及时插架以减轻发病情况。

药剂防治：3亿CFU/克哈茨木霉菌（根部型）可湿性粉剂，使用方法为每平方米2 ~ 4克苗床灌根；定植时或定植后稀释3 000倍液每株苗灌200毫升，3个月后半量追加；0.5%氨基寡聚糖水剂400 ~ 600倍液灌根，每株200 ~ 250毫升，间隔7 ~ 10天，连用2 ~ 3次。

（4）靶斑病。靶斑病以温室栽培受害严重，一般在3月中旬开始发病，4月上、中旬后病情迅速扩展，至5月中旬达发病高峰。病菌以危害叶片为主，严重时蔓延至叶柄、茎蔓。叶片正、背面均可受害，叶片发病初为黄色水渍状斑点直径约1毫米，当病斑直径扩展至1.5 ~ 2毫米时叶片正面病斑略凹陷，病斑近圆形或稍不规则，有时受叶脉所限为多角形，病斑外围颜色稍深呈黄褐色，中部颜色稍浅呈淡黄色，患病组织与健康组织界线明显。发病严重时，病斑面积可达叶片面积的95%以上，叶片干枯死亡。重病株中下部叶片相继枯死，造成提早拉秧。

农业防治：①适时轮作，发病田应与非寄主作物进行2年以上轮作。②彻底清除残株，减少初侵染源。③搞好棚内温湿度管理，注意放风排湿，改善通风透气性。④加强栽培管理，及时清除病蔓、病叶、病株，并带出田外烧毁，减少初侵染源。⑤控制空气湿度，实行起垄定植，地膜覆盖栽培，于膜下沟里浇暗水，以减少水分蒸发，要小水勤灌避免大水漫灌，注意通风排湿增加光照，创造有利于黄瓜生长发育不利于病菌萌发、侵入的温湿度条件。

物理防治：种子消毒，该病菌的致死温度为55℃，可采用温汤浸种法。种子用常温水浸种15分钟后转入55～60℃热水中浸种10～15分钟，并不断搅拌，然后让水温降至30℃，继续浸种3～4小时，捞起沥干后置于25～28℃处催芽，可有效杀灭种子携带的病菌。

药剂防治：发病前或发病初可用3亿CFU/克哈茨木霉菌（叶部型）可湿性粉剂300倍液喷雾，每周1次，直至病害不再发生，通常2～3次即可治愈；或使用0.5%氨基寡糖素水剂400～600倍液兑水喷雾。

（5）枯萎病。枯萎病也称黄瓜萎蔫病、黄瓜死秧病。是瓜类蔬菜的重要病害，发病率高，毁灭性强。可造成减产30% ~ 50%，重者绝收。从幼苗期到成株期均可发病，结瓜期发病，初期基部叶片褪绿，呈黄色斑块，逐渐全叶发黄，随之叶片由下向上凋萎，似缺水症状，中午凋萎，早晚恢复正常，3 ~ 5天后，全株凋萎。病株的主根或侧根呈褐色腐烂极易拔断或瓜蔓基部近地面3 ~ 4节处开裂流胶开始出现黄褐色条斑，在高湿环境下病部常产生白色或粉红色霉状物，在已枯死病株茎上则更为明显，且不限于茎基部可达茎中部，有时病部可溢出少许琥珀色胶质物。纵剖茎基部，维管束呈黄褐色至深褐色。

农业防治：①与禾本科作物轮作，可以减少田间含菌量。②选用抗病品种。③育苗时，对苗床土进行硝化处理，或换上无菌新土，培育无病壮苗。④施入的有机肥要充分腐熟。⑤在结瓜后，要适当增加浇水的次数和浇水量，但切忌大水漫灌，在夏季的中午前后不要浇水。

物理防治：用55℃的温水浸种10分钟。

药剂防治：于发病前或发病初期使用3亿CFU/克哈茨木霉菌（根部型）可湿性粉剂3 000倍液灌根，每株200毫升，3个月后半量追加一次。0.3%多抗霉素60倍液浸种2 ~ 4小时后播种，移栽时用80 ~ 120倍液蘸根或灌根，盛花期再用80 ~ 120倍液喷1 ~ 2次，或0.5%氨基酸寡糖素水剂400 ~ 600倍喷雾。

（6）灰霉病。目前70% ~ 80%的温室中均有发生，严重时植株下部腐烂茎蔓折断，整株死亡。病菌先从花器侵入，引起花器腐烂、萎蔫或脱落，然后靠近花器的瓜尖端腐烂、干枯，湿度大时表面长出灰白色霉状物。发病的花脱落时掉在植株上会引起再次侵染。叶面上的病斑为圆形，浅褐色或黄白色，干枯后易破裂，边缘生有灰色霉层。

农业防治：①生长前期及发病后，适当控制浇水，适时晚放风，提高棚温至33℃则不产孢，降低湿度以减少棚顶及叶面结露和叶缘吐水。②加强温室管理。出现病花病瓜时及时摘除，带出田外深埋。温室要通风透光，降低温度，注意保温增温，防止冷空气侵袭。

药剂防治：于发病前或初期使用3亿CFU/克哈茨木霉菌（叶部型）可湿性粉剂300倍液喷雾，每隔7天喷1次，连续2～3次；或10%多抗霉素可湿性粉剂500～800倍液喷雾防治；10亿CFU/克枯草芽孢杆菌可湿性粉剂600～800倍液喷雾。

（7）根结线虫。大多分布在30厘米深的土层内，其中以5～30厘米内的耕作层土壤中根结线虫数量最多。一般地势高燥、疏松透气、盐分低的土壤最适于线虫存活。主要危害植株地下根部，多发生于侧根和须根上，形成结疖状大小不等的瘤状物，菜农俗称其为“番薯仔”。瘤状根结初期白色而光滑，后转呈黄褐色至黑褐色，表面粗糙乃至龟裂，严重时腐烂。病株地上部前期症状不明显，随着根部受害加重，表现为叶片发黄，似缺水缺肥状态，生长减缓，植株衰弱，结瓜不良，严重的遇高温表现萎蔫、枯死。

防治方法：①多施腐熟的农家肥，改良土壤。②150毫克/升壳聚糖处理可显著降低有机黄瓜根结线虫病情指数，防效达28.1%，且能显著增加根量，促进有机黄瓜生长。外源壳聚糖和水杨酸对于根结线虫病具有很好的防治与诱抗效果，且壳聚糖和水杨酸具有协同增效的效应。

（8）美洲斑潜蝇。主要危害叶片，成虫咬食叶肉，幼虫钻入叶肉。美洲斑潜蝇吞食叶肉组织并形成“隧道”，叶片受害后生理功能下降。

防治方法：①彻底清除温室前茬残枝落叶，集中烧毁，消灭虫源。②黄板诱杀。每亩挂30～40块20厘米×20厘米、上面涂抹一层机油的黄板诱杀成虫，每7～10天重涂1次。

5.有机黄瓜的肥料选择

黄瓜生长快、结果多、喜肥。但根系分布浅，吸肥、耐肥力弱，特别不能忍耐含高浓度铵态氮的土壤溶液，故对肥料种类和数量要求都较严格。据资料显示，每生产1 000千克黄瓜，需从土壤中吸取氮（N）1.9～2.7千克，磷（P_2O_5）0.8～0.9千克，钾（K_2O）3.5～4.0千克，三者比例为1 ∶ 0.5 ∶ 1.25。

黄瓜定植后30天内需氮量呈直线上升，到生长中期需氮最多，进入生殖生长期对磷的需求剧增，而对氮的需求略减。黄瓜全生育期都需要钾。

黄瓜果实靠近果梗，果肩部分易出现苦味，产生苦味的物质是葫芦素，产生原因极复杂。从培育角度看，氮素过多、低温、光照和水分不足、植株生长衰弱等都容易使黄瓜产生苦味，因此黄瓜坐果期既要满足氮素供给，又要注意控制土壤溶液氮素营养浓度。

6.有机黄瓜的加工与运输

有机黄瓜在夏秋季节大量上市，如果能进行深加工，可有效提高经济效益。现介绍几种有机黄瓜食品的加工方法。

（1）清脆原味黄瓜干。选择八九成熟的黄瓜，首先用流动水洗净，然后去除瓜蒂，破开瓜除去瓜瓤，并晾干水分。把黄瓜放入缸中，缸要放在背阴的地方，用预先晒过的大粒盐腌渍（50千克黄瓜用4～6千克盐）。采取放入一层黄瓜撒一次盐的方法逐层摆放，然后用干净的石块或其他重物压在黄瓜顶层，腌7～10天，即腌压出瓜水。将腌压后的盐水黄瓜放在日光下晒干，每天翻动1～2次，也可把黄瓜用线串起来置于阴凉处阴干。晾晒的程度以不黏手为宜，晾干后可以放在冷冻室里保存或出售，食用时用水现泡即可。

（2）脆嫩糖渍黄瓜。选用肉质细致脆嫩、直径在3厘米以上的幼嫩青色黄瓜，用清水充分清洗，横切成长4厘米左右的小段，并去掉瓜瓤，在瓜段周围划上条纹。将处理好的瓜段立即投入饱和澄清的石灰水中浸渍5 ～ 7小时。这可以使腌黄瓜更加翠绿清脆，主要原理是：利用石灰的弱碱性中和腌黄瓜发酵所产生的乳酸，而且使石灰中的钙与原果胶分解的果胶酸结合生成果胶酸钙，也可使腌黄瓜组织发脆。注意使用石灰一定不可过量，以免破坏腌黄瓜中的营养成分，影响腌黄瓜的风味。

糖渍方法是先将50千克瓜段放入糖渍的桶中，再将浓度为50%的糖液40千克加热煮沸，趁沸倒进糖渍桶中，浸渍24小时（不可搅拌）；然后把浸渍桶中的糖液用管子抽入加热锅中，煮至104℃后加入食用香酸钠0.04千克，趁热抽入糖渍桶内再浸渍48小时，中间再抽出糖液重复2次，使瓜段浸渍均匀；最后将糖液抽出入锅，加砂糖6千克，煮至115℃，再加入瓜段，拌匀。停止加热后，放置1天移出放入烘盘中。将烘盘上的瓜段稍压成扁块状，入烘干机以65℃的温度烘干，待含水量降到14%时取出即为成品。

（3）风味香辣瓜丁。配料比例：黄瓜50千克、白砂糖50千克、蒜泥1.5千克、辣椒粉800克、姜粉800克、芹菜（切碎）800克、丁香粉100克、白矾粉100克、肉桂粉50克、食用香酸钠30 ～ 40克。

选取长8厘米左右、直径为2.5厘米左右的青嫩黄瓜为原料，将黄瓜洗净，并将整个黄瓜用针刺法穿透瓜身，使之易于脱水和吸入糖液，然后投入含0.1%的亚硫酸钾及0.1%的氯化钙水中浸8小时后移出滤干水分备用。

将白砂糖与其他配料充分混匀后同黄瓜一起入坛，采取放一层黄瓜撒一层白砂糖混合料的方法，边装边压实，直至装满坛为止，然后密封坛口。入坛后的前7天，每日将坛摇动2次，需在坛中浸渍1个月。然后开坛捞出黄瓜，滤去糖液，放在太阳下晾晒1天左右，待表面水分晒干后切成2厘米长的小段，晒至半干即为成品。

（4）有机黄瓜储藏方式。①缸储藏。在刷洗干净的缸里加入10 ~ 12厘米深的清水，在距水面3 ~ 4厘米处放置木架，架上铺木板，木板上再铺一层干净的麻袋片，然后将选好的有机黄瓜果柄朝外，沿着缸边转圈摆放，直摆到离缸口9 ~ 10厘米处，使缸中心形成一个洞，以利上下通气。缸口用牛皮纸封严，并用绳子扎紧，最后将缸放在阴凉处。有机黄瓜一般可储藏20 ~ 30天不变质。也可先在缸底铺一层湿润细沙，再放一层有机黄瓜，这样铺一层细沙放一层有机黄瓜，一直放至缸满为止，最后将缸口封严，置于阴凉处。②窖储藏。将选好的有机黄瓜装入纸箱内，每箱装15千克左右，然后将箱子堆放在永久性菜窖或土窖内；或在窖底铺一层秸秆，再把有机黄瓜一层一层摆上，每层之间用两根秸秆隔开。有机黄瓜堆码好后，堆高不要超过60 ~ 70厘米，用塑料薄膜密封。入窖后每隔5 ~ 7天检查1遍，将烂瓜和变色瓜挑出，以免感染好瓜。管理的关键是利用风道和门窗通风，以降低窖温。这种方法适宜大量储藏有机黄瓜。

（五）温室有机豆角生产管理技术

1.豆角概述

豆角，各种豆科植物果实的统称，其中包括菜豆、大豆、豇豆等，或特指豇豆和菜豆。豆角是夏天盛产的蔬菜，含有各种维生素和矿物质等。嫩豆荚肉质肥厚，炒食脆嫩，也可烫后凉拌或腌制。豆荚长且呈管状，质脆而身软，常见有白豆角和青豆角两种。

豆角在我国长江以南各地及温室内，春、夏、秋均可栽培，生长季节长，需根据各种季节的气候条件，选用适当的品种。豆角一般分春季栽培和夏秋季栽培。春季栽培于2月下旬至3月下旬育苗，3月下旬至4月下旬定植，6月上旬至8月中旬采收，7月下旬至8月上旬采种。夏秋季栽培于5月中旬至8月初播种，7月上旬至10月下旬采收。

2.有机豆角的生产准备

有机豆角的种植过程基本一致，下面以有机豇豆为例简单介绍有机豆角的种植过程。

(1) 培育壮苗。豇豆以往多采用直播，近几年温室内实行育苗移栽法，可充分保护根系使其不受损伤。实践证明，育苗可比直播增产27.8% ~ 34.2%，提早上市10 ~ 15天。豇豆直播茎叶生长旺盛而结荚少，育苗移栽结荚多。豇豆育苗期正处在短日照时期，对促进花芽分化有利，故开花结荚部位低。

豇豆育苗可采用营养钵、纸袋或营养土块3种方式。①选种。选用适应性强，抗性好的优良品种。②营养土配制。育苗营养土以疏松肥沃为原则，可用腐熟的猪粪与非豆科茬园田土按（4 ~ 6）：1的比例配制，也可用人粪2份、马粪土4份、园田土4份的比例配制。③播种。将营养钵或纸袋装入营养土，并浇透水，晾晒1 ~ 2天，当水分合适时，每钵播种3粒，覆土2 ~ 3厘米，然后放入塑料拱棚内保湿育苗；土块育苗，首先将苗床浇水，第二天用刀把床土切成块，每块1株苗，土块间隙用细土填满。④苗期管理。塑料拱棚内，温度可保持25℃以上，5 ~ 7天后出苗，在子叶展开前扣小拱棚。子叶生长期，白天温度保持在25 ~ 28℃，晚上15 ~ 18℃，定植前1周进行揭膜炼苗，整个苗期30 ~ 35天。采用高温消毒籽播种有利于种子发芽和杀死附着在种皮上的虫卵、病菌。即将精选种子，放入装有80 ~ 90℃热水的盆中迅速烫一下，随即加入冷水降温，保持4 ~ 6小时水温为25 ~ 30℃，捞出稍晾播种，一般不再进行播前催芽。

（2）整地、定植。①整地施肥。土壤应深翻耙细，做成畦连沟宽1.4 ~ 1.6米面宽0.8 ~ 1.0米，畦面呈龟背形。畦中开沟，每亩埋施厩肥220千克或鸡粪1 000千克，加碳酸氢铵15千克、过磷酸钙15千克、硫酸钾10千克，对于缺硼田地还需同时加硼砂

2～2.5千克。豇豆喜土层深厚的土壤，播前应深翻25厘米，每亩结合翻地铺施土杂肥5 000～10 000千克，过磷酸钙10千克或磷酸二铵10千克，钾肥5千克。隔天喷E-2001液体肥300倍液，整地后做畦，畦宽1.2～1.3米，每畦移栽两行豇豆，穴距20厘米左右，每穴移栽2株，每亩5 500～5 000株。②定植。长豇豆苗龄30～35天定植，每穴2～3株。每畦栽2行，行距45厘米，穴距25～30厘米，每亩2 500～3 000穴。

（3）肥水管理。豇豆喜肥但不耐肥，肥水管理主要包括三个方面。一是施足基肥，及时追肥；二是增施磷、钾肥，适量施氮肥；三是先控后促，防止徒长和早衰。

（4）温室豇豆栽培技术。①育苗。②整地施基肥和做畦。③插架、摘心、打杈。架豆角甩蔓后插架，可将第一穗花以下的杈子全部抹掉，主蔓爬到架顶时摘心，后期的侧枝坐荚后也要摘心。主蔓摘心促进侧枝生长，抹杈和侧枝摘心促进豇豆生长。④先控后促管理。豇豆根深耐旱，生长旺盛，比其他豆类蔬菜更容易出现营养生长过旺的现象，加之温室栽培光照弱、温度高、肥力足，营养生长过旺的现象就更为突出，进而影响开花结荚。田间管理上要先控后促，防止茎叶徒长和早衰。豇豆从移栽到开花前，以控水、中耕促根为主，进行适当蹲苗，促进开花结荚；坐荚后，要充分供应肥水，促进开花结荚。具体做法：育苗移栽豇豆浇定苗水和缓苗水后，随即中耕蹲苗、保墒提温，可促进根系发育、控制茎叶徒长；出现花蕾后可浇小水，再中耕，初花期不浇水；当第一花序开花坐荚后，几节花序显现后，要浇足头水；头水后茎叶生长很快，待中、下部荚伸长，中、上部花序出现时，再浇第二次水；以后进入结荚期，见干就浇水，才能获得高产。采收盛期，随水追喷E-2001液体肥300倍液一次。

3.有机豆角的种植管理方法

（1）豆角植株调整。为了调节营养生长，促进开花结荚，豆角大面积单作时，可采取整枝打尖措施，主要方法如下：①抹侧芽。将主茎第一花序以下的侧芽全部抹去，保证主蔓健壮。②打腰杈。主茎第一花序以上各节位的侧枝，在早期留2～3叶摘心，促进侧枝上形成第一花序。盛荚期后，在距植株顶部60～100厘米处的原开花节位上，还会再生侧枝，也应摘心保留侧花序。③摘心（打顶）。主蔓长15～20节（高2～3米）时摘除顶尖，促进下部侧枝花芽形成。④搭架。吊蔓搭成高2.0～2.2米的倒“人”字架，或每穴垂直扦杆，或用塑料绳垂直吊蔓。在生长过程中需进行3～4次吊蔓上架。⑤揭膜。根据气温上升情况，适时揭去大棚顶膜进行通风降温，以利于豆角生长。

（2）豆角定植。①豆角的定植期要根据栽培方式和生育指标来确定。采用营土块育苗一般于第一复叶展开时即可定植；采用营养钵育苗可延迟至2～3片复叶时定植。幼苗移栽后，喷施新高脂膜，可有效防止地表水分蒸发、苗体水分蒸腾，隔绝病虫害，缩短缓苗期，使幼苗快速适应新环境、健康成长。②豆角前期要合理浇水、施肥、除草、防病虫害，防止肥水过多引起徒长，喷施针对性药物加新高脂膜可大大提高肥水的有效成分利用率，且防旱防雨淋。③植株开花结荚以后，应增加肥水，抽蔓后要及时搭架，架高2.0 ~ 2.5米，搭好架后要及时引蔓，引蔓要在晴天下午进行不要在雨天或早晨进行，以防折断。

4.有机豆角的病虫害诊断与防治方法

在有机豆角生产过程中禁止使用所有化学合成的农药，禁止使用由基因工程技术生产的产品，所以病虫害防治要坚持“预防为主，防治结合”的原则。

在病害防治上，可以用石灰、波尔多液防治豆角多种病害；允许有限制地使用含铜的材料，如氢氧化铜、硫酸铜防治豆角真菌性病害；可以用抑制豆角真菌病害的软皂、植物制剂、醋等防治豆角真菌性病害；允许使用高锰酸钾作为杀菌剂防治多种豆角病害；允许使用微生物及其发酵产品如EM菌防治病害。

在虫害防治上，提倡通过释放寄生性、捕食性天敌（如赤眼蜂、瓢虫等）来防治虫害；允许使用植物性杀虫剂或当地生长的植物提取剂如大蒜、薄荷、鱼腥草的提取液等防治虫害；可以在诱捕器和散发器皿中使用性诱剂（如糖醋诱虫），允许使用视觉性（如黄粘板）和物理性捕虫措施（如防虫网）防治虫害；可以有限制地使用鱼藤酮、植物源除虫菊酯、乳化植物油和硅藻土来杀虫；允许有限制地使用微生物及其制剂如杀螟杆菌、Bt制剂等。

（1）炭疽病。在幼苗期至采收后期植株地上部分均可受害，但主要危害豆荚。豆荚受害时，初生褐色小斑点，不久扩展成圆形或近圆形病斑，边缘深红色。严重时，病斑连接不规则，形成大斑，造成腐烂。

农业防治：从无病田、无病荚上采种，购买无病种子。筛选种子，剔除带病种子。播种前用45℃温水浸种10分钟。

药物防治：可用1∶1∶（160～200）的波尔多液喷洒中心病株或用0.1%的高锰酸钾加0.3%竹醋液防治。一般隔5～7天喷1次药，连喷2～3次。喷药要周到，特别注意喷施叶背面，喷药后遇雨应及时补喷。

（2）锈病。病害主要发生在叶片上，严重发生时，也会危害到茎、叶柄和豆荚。初发病时，一般多在叶背出现淡黄色小斑点，稍突出，后变为锈褐色，扩大发展成红褐色的夏孢子堆，表皮破裂后散发出红褐色的粉末，此时叶正面可见到褪绿色斑点。发病后期孢子堆转成黑色，为冬孢子堆。有时叶脉上也能产生夏孢子堆，叶片形，早落。有时叶面或叶背可见略凸起的白色疱斑，即病菌的锈子腔。豆荚染病后，也产生许多夏孢子堆和冬孢子堆。

农业防治：清除田间病残株，减少病源，合理密植，降低田间湿度。

药物防治：同炭疽病。

（3）蚜虫。①采用保护天敌，如瓢虫、赤眼蜂等杀蚜虫。②挂黄板诱杀或用银灰膜驱避蚜虫。③喷洒0.3%百草一号植物杀虫剂1 000 ～ 1 500倍液或0.3%苦参碱植物杀虫剂1 500 ～ 2 000倍液防治。④用烟草水杀虫，0.5千克烟草+ 0.5千克石灰+ 20 ～ 25千克水密闭浸泡24小时，叶面喷雾防治。

（4）豆类螟。①利用天敌如金小蜂、赤眼蜂等杀灭豆类螟。②用性诱剂诱杀豆类螟。③用大蒜汁液叶面喷雾。④用0.3%苦参碱植物杀虫剂1 500 ～ 2 000倍液防治。⑤用植物源除虫菊酯药液防治。

5.有机豆角的肥料选择

豆角的根系较发达，但是其再生能力比较弱，主根的入土深度一般为80 ～ 100厘米，根群主要分布在15 ～ 18厘米的耕层内，侧根稀少，根瘤也比较少，固定氮的能力相对较弱。豆角根系对土壤的适应性广，但以肥沃、排水良好、透气性好的土壤为宜，过于黏重和温度低的土壤不利于根系生长和根瘤的活动。

定植时每亩施2 000 ～ 4 000千克的腐熟生物有机肥（如牛粪），也可添加鸡粪300 ～ 400千克，复合益生菌液2千克，冲入含量50%天然矿物硫酸钾20 ～ 30千克。之后不宜多施肥，防止肥水过多，引起徒长，影响开花结荚。豆荚盛收期，应增加肥水，如每亩追饼肥100千克，可追腐熟人粪尿500千克，此时如缺肥缺水，就会落花落荚，茎蔓生长衰退。摘心后还可翻花，延长采收期。

豆角对肥料的要求不高，在植株生长前期（结荚期），由于根瘤尚未充分发育，固氮能力弱，应该适量供应氮肥。由于开花结荚后营养生长与生殖生长并进，故植株对各种营养元素的需求量均增加，根瘤菌的固氮能力亦增强。相关研究表明：每生产1 000千克豆角，需要纯氮10.2千克，磷4.4千克，钾9.7千克，但是因为根瘤菌有固氮作用，豆角生长过程中需钾最多，磷次之，氮相对较少，因此在豆角栽培过程中应适当控制水肥，适量施氮肥，增施磷、钾肥。

6.有机豆角的加工与运输

（1）储藏特性。豇豆比菜豆长，更嫩脆、含水量更高、更易老化和腐烂，故比菜豆更难储藏。高温下豆荚里的籽粒迅速生长，荚壳中的营养物质很快被消耗，导致豆荚迅速衰老、变软变黄，豆荚脱水皱缩、籽粒发芽，因此生产上多采用低温储藏。一般在储藏温度为7 ~ 8℃、相对湿度80% ~ 90%的条件下，最长也只能储藏2周。

（2）采收与包装。作为储藏或远销的豆角，以采收生长饱满、籽粒未显露的中等嫩度豆荚为宜。太嫩的豆荚含水量高，干物质不充实，易失水；过老的豆荚，纤维化程度高，品质低劣，不能储藏。采收时尽量不要损伤留下的花序及幼小豆荚。采摘后将过小的、鼓粒的和有破损的豆荚挑出，然后装筐（箱），装筐（箱）是把豆角一排一排地平摆，中间留一定空隙，不要塞得过紧，然后搬入冷库内码垛，罩上塑料薄膜帐。也可用聚乙烯薄膜袋小包装，进行自发气调储藏。

（3）储藏运输。豆角储藏温度要求保持7～8℃，相对湿度80%～90%。需储运2周以上的要用冷库储藏或冷藏车运输；储运1周以内的可在箱外四周及车顶放置足够的碎冰，使产品保持在较低温度条件下。

图书在版编目（CIP）数据

温室有机蔬菜害虫防治技术 / 李姝，王甦，张帆主编.—北京：中国农业出版社，2020.5

（农业生态实用技术丛书）

ISBN 978-7-109-25005-5

Ⅰ. ①温… Ⅱ. ①李…②王…③张… Ⅲ. ①蔬菜—温室栽培—无污染技术—病虫害防治 Ⅳ. ①S436.3

中国版本图书馆CIP数据核字（2018）第281478号

中国农业出版社出版

地址：北京市朝阳区麦子店街18号楼

邮编：100125

责任编辑：张德君　李　晶　司雪飞　　文字编辑：冯英华

版式设计：韩小丽　　责任校对：周丽芳

印刷：北京通州皇家印刷厂

版次：2020年5月第1版

印次：2020年5月北京第1次印刷

发行：新华书店北京发行所

开本：880mm × 1230mm　1/32

印张：8.75

字数：175千字

定价：70.00元
